여행에
춤
한 스푼

새로운 세상을 알려준 웨스트 코스트 스윙 댄스,
댄서의 이색 여행 일지

여행에
춤
한 스푼

글·사진 **김인애**

harmonybook

새로운 취미를 시작하려면 돈을 쓰면 된다

책을 쓰는 것은 내 오래된 꿈이었다. 다들 그렇듯이 계속해서 실천하지 않았기에 오래된 꿈이 된 것이다. 이러다가는 평생 이루지 못할 것 같아 강제성을 부여하기 위해 돈을 썼다. 큰돈을 내고 책 쓰기 수업을 들으며 책을 쓰기 시작한 것이다. 이렇게 새로운 일을 시작할 때마다 나는 돈을 쓴다.

춤도 그랬다. 이제는 일상이 되어버린 춤. 처음 시작할 때만 해도 이렇게까지 빠질 거라 생각하진 않았다. 춤을 배우기 전에 평소에 하던 일은 독서, 음악 듣기 정도로 집에서 혼자 할 수 있는 조용한 취미였다. 너무 재미없어 보여 뭐 하나 그럴듯한 취미를 찾아보자는 생각으로 가볍게 춤을 배우기 시작했을 뿐이었다.

물론 춤을 배우자마자 재미를 느끼고 열정적으로 배웠던 건 아니었다. 성실한 성격 탓에 일단 시작한 초급 강습을 끝까지 들었을 뿐이었다. 직접 춤추면서 재미를 찾지는 못했지만, 다른 사람들의 표정에서 재미를 느꼈다. 그 뒤로 초급, 초중급, 준중급으로 이어지는 강습을 다 듣고 나서야 이 춤이 나에게 맞는지를 결정해야겠다고 마음먹었다.

그러다 어느 순간 춤을 잘 추기 위해 평소에도 춤추는 듯 허리를 곧게 펴고 바른 자세로 걷는 나를 발견했다. 평소에 듣는 음악에 춤을 추니, 음악을 들을 때 어깨를 들썩이며 춤을 생각하기 시작했다. 춤추지 않을 때도 한 번씩 춤이 떠오르니 그만두려고 하다가도 다시 돌아가게 됐다. 그렇게 춤을 시작한 지 10년이 지난 지금도 나는 춤을 추고 있다.

그렇게 시작한 춤으로 책까지 쓰게 될 줄은 몰랐다.

전공과 일을 제외하고 가장 많은 시간을 쓴 것이 춤이라 춤에 대한 글을 쓰기 시작한 것이 시작이었다. 한 챕터가 되는 분량의 춤 얘기를 써 내리고 나니 책 한 권도 쓸 수 있을 것 같았다. 최근에는 춤추러 해외여행도 가고 있고, 국내 여행을 가도 댄서들과 함께 가서 춤추고 영상도 찍으니, 소재가 부족할 일은 없을 거라고 생각했다.

혹시나 비슷한 얘기를 쓴 사람이 있지는 않을까 봐 자료를 찾아봤지만, 생각보다 춤에 관해 쓴 책이 많지 않았다. 특히나 웨스트 코스트 스윙 댄스와 관련해서는 한국어 자료가 전무하다시피 했다. 내가 이 춤을 시작할 때는 검색해서 찾아왔지만, 자료가 부족해서인지 나처럼 혼자 알아서 찾아오는 사람은 드물었다. 대부분은 다른 친구의 손에 이끌려 오거나 입소문을 타고 왔다. 이름을 모르면 찾을 수 없는 춤, 사람들에게 더 알리고 싶다는 생각이 들었다.

'이렇게 재미있는 춤을 왜 아무도 모르는 거지? 팝송에도 출 수 있는 파트너 댄스가 그리 많은 것도 아닌데, 평소 듣는 음악에 춤추면 얼마나 재미있는데! 그러면 나라도 책을 써서 알려야겠다.'

이 생각이 고생문을 열었다. 왜 춤에 관해 쓴 책이 많지 않을까를 고민했어야 했다. 춤을 글로 묘사한다는 것은 쉬운 일이 아니었다. 영상으로 볼 때는 그렇게 신나고 멋진 춤이었는데 막상 글로 표현하려니 막막했다.

춤을 전혀 모르는 사람이 읽어도 춤동작이 머릿속에 그려지도록 썼지만, 도저히 모든 동작을 표현할 자신이 없어 사진과 영상의 도움을 받았다. 책에는 QR코드를 통해 영상을 찾아보기 쉽게 했고, 춤추며 노느라 정신없는 와중에 찍은 사진들을 덧붙였다.

처음 시작은 웨스트 코스트 스윙의 재미를 알리기 위해서였지만, 쓰다 보니 주제가 확장되었다. 여행에 취미를 더하면 어떤 여행이 되는지, 춤을 추면 여행 가서 뭘 더 해볼 수 있는지도 설명하게 됐다. 여행 가서 춤을 추는 건 웨스트 코스트 스윙뿐 아니라 다른 춤도 마찬가지였다.

춤을 추면서 하는 생각들도 담게 됐다. 춤을 신청하는 사소한 경험에서 오는 생각들도 있지만 나중에는 깊은 고민도 있었다. 재미로 시작한 춤이라도 더 잘 추고 싶은 사람의 욕망은 끝이 없다. 잘 추는 사람들을 보면 질투가 나고, 나는 왜 안 되는지 자괴감이 들기도 했다. 춤을 개선하고 발전시키면서 뿌듯함을 느끼기도 했다. 잘 추는 춤이란 무엇인지, 나는 무슨 춤을 추고 싶은지를 고민하기도 했다.

춤 얘기를 하거나 춤추러 여행을 간다고 하면,

"우와. 춤이라니 멋져요! 저는 몸치인데."

"파트너 댄스는 영화에만 나오는 줄 알았는데 멋지네요."

라며 감탄하는 사람들이 주변에 많았다. 그 사람들에게 춤추러 여행을 가면 뭘 하고 오는지 알려주고 싶었다.

뭔가 좀 달라 보일 수도 있지만, 취미에 푹 빠진 사람에게는 당연한 일일지도 모른다. 궁금증을 해소하는 것으로 끝날 수도 있지만, 새로운 취미를 찾거나, 이미 갖고 있는 각자의 취미를 여행에 붙이면 어떨지 생각하게 되는 계기가 될 수도 있다. 이 책이 그런 시작이 될 수 있기를 바란다.

앞서 말했듯이, 관심이 생겼다면 새로운 취미를 시작하는 건 그리 어렵지 않다. 일단 돈을 쓰면 된다. 다른 취미도 좋지만, 그래도 이 책을 읽고 춤에 흥미가 생긴다면, 함께 춤추고 싶다. 찾아오는 방법은 글 중에도 설명하지만 웨스트 코스트 스윙으로 검색해도 나온다. 초보자는 언제든 환영한다.

1장
춤이 취미가 되었다

내 취미는 춤이다. 그중에서도 웨스트 코스트 스윙이라는 파트너 댄스를 춘다. 흔치 않은 취미지만 그냥 한번 해보자며 시작했던 취미가 어쩌다 보니 10년째 지속하는 취미가 되었다.

웨스트 코스트 스윙(West Coast Swing) : 주로 대중음악에 추는 파트너 댄스의 한 종류로 옛날 스윙 댄스에서 출발했다. 대중음악의 변화에 따라 달라지기도 하지만, 다른 춤과도 영향을 서로 주고받는 등 계속해서 발전하고 있다. 자유도가 굉장히 높아서 다른 춤을 섞거나 음악을 표현하는 방법이 다양하다. 웨스트 코스트 스윙이라는 이름이 길어 한국에서는 웨코라고 줄여 부르고 해외에서는 WCS, West Coast, West 등으로 줄여서 부른다.

궁금해서 배워보았다

처음 웨스트 코스트 스윙이라는 춤을 배우게 된 계기는 특별하진 않았다. 직장 생활을 시작한 직후, 집도 회사 근처에 얻었더니 회사와 집을 반복하기만 하고 주말에 할 일이 없었다. 회사 동기들과 노는 것도 한두 번, 매주 놀자니 눈치가 보였다. 새로운 할 일을 찾고 싶었다. '직장인 취미'로 검색하던 중 커플 댄스라는 단어에 눈길이 갔다. 호기심이 생겨 조금 더 찾아보니 커플이 아니어도 할 수 있었고, 춤 종류는 스윙, 살사, 탱고, 린디홉, 지터벅, 블루스, 왈츠 등 여러 가지였다.

검색 결과에서 가장 많이 봤던 스윙과 살사, 탱고, 블루스를 비교해 보았다. 탱고와 블루스는 파트너와 너무 붙어있는 것 같아 부담스러워서 제외. 살사는 옷과 신발이 화려해 보여서 나와는 맞지 않을 것 같았다. 남은 건 스윙으로, 린디와 웨스트 코스트 스윙 두 가지였다. 린디에서는 여자들이 대부분 치마를 입었고 웨스트 코스트 스윙은 청바지나 편한 바지를 입었다. 특별한 옷을 입지 않아도 춤출 수 있다는 점이 편해 보였다.

게다가 웨스트 코스트 스윙에서는 익숙한 팝송에 추는 것 같아 한번 배워보기로 마음먹었다. 마침 적절하게 시작하는 초급 수업도 찾아서 바로 신청하고 수업 날을 손꼽아 기다렸다.

수업 시간에 맞춰서 신사역 근처의 건물 2층에 위치한 연습실로 찾아가니 강사분들과 함께 이미 도착한 분들이 있었다. 수업을 듣는 사람은 열 명 정도였는데 커플로 온 사람들도 있었고 나처럼 혼자 온 사람들도 있었다. 신발을 갈아 신고 이름을 쓴 스티커를 옷에 붙인 뒤 자리를 잡았다. 다른 사람들과 간단히 통성명을 마치고 강습이 시작되었다.

"웨스트 코스트 스윙은 걷는 춤입니다. 스텝은 걸을 때 동작을 생각하고 걸으면 돼요. 기본 스텝은 한 박자에 한 발씩, 두 박자에 두 발을 차례로 밟는 더블 스텝과 두 박자 동안 발을 세 번 밟는 트리플이 있어요. 일단은 이것만 연습해 볼게요."

강사님들은 두 분으로, 리딩(Leading)을 가르쳐 주는 남자 강사님과 팔로잉(Following)을 가르쳐 주는 여자 강사님이었다. 신청한 역할대로 강사님들이 보여주는 스텝을 따라 하는 것은 그다지 어렵지 않았다. 더블 스텝은 박자에 맞춰서 한 발씩 내딛기만 하면 됐고 트리플은 두 박자 동안 발이 땅에 세 번 닿아야 했다. 곧 잘 따라 하며 걷고 있으니, 강사님들이 잘한다며 칭찬을 해주셨고 나도 잘 출 수 있을 거라는 기대감이 앞섰다. 뒤이어 파트너와 함께하는 동작을 배우기 시작했다.

"웨스트 코스트 스윙은 파트너와 함께 추는 춤으로, 린디홉과 같은 이스트 코스트 스윙에서 시작한 춤이에요. 다른 파트너 댄스와 마찬가지로 리더(Leader)와 팔로워(Follower)로 역할이 나누어져 있습니다. 역할에 따라 뭘 하는 건지 몰라도 신청하실 때 다들 역할을 선택했을 거예요. 일반적으로는 남자분들이 리더를, 여자분들이 팔로워를 하지만 최근에는 굳이 성별에 따르지 않고 하고 싶은 역할을 하는 사람들이 늘고 있어요. 이름대로 리더는 춤을 이끄는 역할을 하고 팔로워는 리더의 리딩에 따라가는 역할입니다."

춤의 역사와 역할에 관해 간단히 설명한 뒤, 더블 스텝과 트리플 스텝에 대해 설명하며 각자 제자리에 서서 기본 스텝을 연습했다. 더블 스텝은 한 박자에 한 발씩 밟는 스텝이고 트리플 스텝은 두 박자에 세 번, 왼발로 시작했다면 오른발을 밟고 다시 왼발을 밟는 스텝이다. 혼자 연습하는 스텝 연습 뒤에는 파트너를 잡고 스텝 연습을 이어갔다.

"우선 앞에 있는 사람과 양손을 잡고 리더가 스텝을 밟으면서 앞으로 가면 팔로워가 밀려서 뒤로 가고, 리더가 뒤로 움직이면 팔로워가 따라가는 동작을 연습해 볼게요. 상대방의 동작을 예상해서 가는 게 아니라 잡은 손으로 느껴지는 대로 따라가는 거예요."

혼자서 걷는 연습과는 다르게 파트너와 함께하려니 이성과 손을 잡아야 한다는 생각에 어색함이 앞섰다. 커플로 춤을 배우러 온 사람들은 익숙하게 서로의 손을 잡았지만 혼자 온 사람들은 머뭇거리다가 손을 잡고는 어쩔 줄 몰랐다. 모르는 사람들과 엘리베이터를 함께 타고 눈 둘 곳을 찾지 못해 문만 바라보는 사람들 같았다.

그래도 상대방의 손을 잡고 연습을 하면서 두어 번 파트너를 바꾸고 나니 점점 익숙해져서 춤에 집중할 수 있었다. 강사님이나 리더의 동작을 눈으로 보고 따라 하는 것이 아니라 파트너가 움직이는 걸 손으로 느낀다는 게 어떤 건지 조금씩 알아갈 수 있었다.

"이제 쉬운 패턴 두 개를 배우고 다음 시간부터는 지난 시간의 복습과 함께 두 패턴씩 배울 거예요. 오늘 배울 패턴은 푸시 브레이크(Push Break)와 레프트 사이드 패스(Left Side Pass)입니다."

푸시 브레이크는 팔로워가 리더 앞까지 갔다가 돌아오는 동작이다. 리더가 뒤로 이동하며 팔로워를 당기면 팔로워는 앞으로 따라가게 된다. 리더가 자리를 비키지 않고 그대로 서 있다가 팔로워를 막고 다시 팔로 밀어내면 팔로워가 다시 원래 있던 위치로 돌아간다. 두 사람이 부드럽게 가까워졌다가 다시 멀어지는 동작이라서 그런지 슈가 푸시(Sugar Push)라고 부르기도 한다.

레프트 사이드 패스는 이름대로 리더의 왼쪽으로 팔로워를 보내는 동작이었다. 푸시 브레이크와 마찬가지로 리더가 뒤로 이동하면서 시작하는데 팔로워가 리더의 왼쪽으로 지나가기 때문에 리더는 오른쪽 뒤로 움직여야 한다. 이후 리더가 제자리에서 스텝을 밟으면, 팔로워는 리더의 리딩에 따라 앞으로 직진하는데 리더가 자리를 비켜줬기 때문에 가던 속도 그대로 직진한다. 이후엔 리더가 팔로워를 마주 보며 스텝을 밟으면 서로 바뀐 위치에서 동작을 마무리한다.

강습이 끝난 뒤는 다 같이 춤추는 시간이었다. 이 두 개의 패턴만으로 한 곡을 채우기는 부족해 보여 주로 같이 강습을 들은 사람들끼리 음악에 맞춰 연습했다. 당장 할 수 있는 게 연습뿐이라 재미있지는 않았지만, 초급 강습을 끝내면 열 개가 넘는 패턴을 알게 되니 더 잘 출 수 있을 것 같았다.

강사님과 출 때는 강습에서 배운 동작이 아니었는데도 리더가 하는 대로 따라 할 수 있는 동작들이 있었다. 옆으로 나란히 서거나 기차놀이를 하듯 어깨를 잡은 상태로 걸으며 상대방을 보며 따라 하는데, 이런 것도 음악에 맞추니 훨씬 재미있었다. 어떻게 한 건지도 모르겠지만 강사님이 의도했다는 표정이라 잘한 것 같아 괜히 뿌듯했다. 음악이 들린다고 내 마음대로 추는 건 아니었지만, 막춤을 출 성격이 아니었던 나로서는 상대방이 하자는 대로 따라 하면 그럴듯한 춤이 된다는 게 매력적으로 느껴졌다.

초급 강습만 듣고도 그럴듯하게 출 수 있는데, 나중에 더 많은 동작을 알게 되면 얼마나 더 잘 출 수 있을지 기대가 됐다. 지금은 어설프지만, 미래의 나는 더 잘 출 거라는 생각에 나중을 기약하며 조금 더 배워보기로 했다.

- 패턴 : 춤에서 일정하게 반복되는 동작들. 자주 쓰이는 동작을 말한다. 웨스트 코스트 스윙에서 자주 쓰이는 패턴 몇 가지를 외워두면 이후는 이 동작을 응용할 수 있다. 창의력이 부족하면 외우는 것도 방법이다. 처음 춤을 배울 때는 기본 패턴을 비롯하여 여러 패턴을 외워서 연습하는 것으로 시작한다.

- 참고 영상 : West Coast Swing Basic Steps / Beginner WCS - WestCoastSwingOnline

저 사람들은
뭐가 그렇게 재미있을까?

초급, 초중급, 중급 강습들에서 배운 패턴들을 활용하다 보면 어느새 음악에 할 수 있는 동작이 많아진다. 중급 강습을 들을 때까지만 해도 춤이 생각만큼 재미있지는 않았다. 시작한 지 얼마 되지 않은 팔로워는 리더가 모르는 동작을 해도 패턴을 외울 필요는 없으니 부담 없이 출 수 있다. 하지만 스스로 못한다고 생각하니 다른 사람과 비교하며 좋은 음악인데도 나와 춤춘 사람이 다른 사람들과 춤출 때보다 즐거워 보이지 않았다. 혼자 춤추는 건 재미있었지만 같이 춤출 때는 상대방의 기분을 살피다가 춤에서 오는 즐거움을 내려놓은 것이다.

지금 생각하면 바보 같은 생각이었지만 이때는 오히려 사람들과 얘기하고 술 마시는 시간을 더 좋아했다. 강습이 끝나고 춤추는 시간에 DJ 부스나 바 앞에 앉아서 달콤한 칵테일 한 잔과 함께 하고 있으면 얼핏 분위기 좋은 호텔 바에 있는 것 같았다. 당장 영화의 배경에 나와도 이상하지 않아 이곳에 있는 것만으로도 왠지 모를 만족감이 들었다. 절반도 안 켜두어 어둑어둑한 조명 아래에서 춤추는 사람들을 구경하고 있으면 현실이 아닌 별세계에 떨어진 것 같기도 했다.

춤추는 와중에도 뭐가 그리 재미있는지 웃음소리가 들리고 사람들의 표정에는 미소가 가득했다. 그런 사람들의 얼굴을 보면 나도 재미있게 추고 싶다는 생각이 들곤 했다. 나중에야 알게 된 사실이지만 춤추며 내는 큰 웃음소리는 새로운 동작을 시도하다가 실수하다가 터진 웃음이 대부분이다. 리더가 팔로워를 들려고 했다가 실패하고 바닥에 같이 쓰러지기도 하고, 잘 안되는 웨이브를 시도했는데 오히려 재미있어서 웃는 것이다.

춤추는 시간이 재미없었다면 내가 재미있는 동작을 시도해 보지 않았기 때문일 수 있다. 처음엔 재미있게 추려면 더 많은 동작을 알고 있으면 될 것으로 생각했지만 사실은 반대였다. 강습에서 배운 패턴은 어떻게 하는지 이미 강사들이 검증해 본 동작이지만, 다른 사람의 영상을 보고 따라 하는 동작은 시행착오를 겪기 마련이다. 그 시행착오가 주는 즐거움, 그리고 새로운 동작을 하면서 해보는 실수들이 더 재미있는 경우가 많다.

실수가 만들어 내는 재미 말고도 음악에 딱 맞추는 동작을 했을 했을 때나 파트너와 동시에 같은 동작을 했을 때는 성취감과 재미를 함께 느끼기도 한다. 처음엔 모르는 패턴을 하게 되었을 때나 처음 만난 사람들과 춤추는 것이 마치 폭탄을 터트리는 것처럼 두려웠다. 조금 적응된 다음에는 배우지 않은 동작을 리딩에 맞춰 하는 것만으로도 신기하고 잘할 수 있다며 뿌듯해했다. 지금은 새로운 패턴이나 새로운 댄서를 만나면 선물상자에는 뭐가 들었을까 설레며 포장을 뜯는 기분이다. 이런 재미들이 쌓이다 보니 어느새 춤이라는 새로운 세계에 풍덩 빠져버린 나를 발견했다.

누군가는 춤에서의 재미가 아니라 사람들과 함께 마신 술 한잔 한잔이 춤판에 남게 했다고도 한다. 다른 누군가는 춤판에서 만난 사람들과의 인연 때문에, 또 누군가는 그저 음악이 좋아서, 춤 자체가 좋아서 이 세계에 빠졌다고 한다. 모두 각자의 이유가 있다. 그리고 좋아하는 이유가 점점 더 늘어나고 있다.

잘 추는 사람만
남아있는 이유

　나와 함께 초급 수업을 들은 동기들은 열 명 정도였다. 강습이 끝나고 공연까지 같이한 인원은 4명이었고 10년 가까이 지난 지금, 웨스트 코스트 스윙을 추는 사람은 나뿐이다. 춤을 배우기 시작했을 때는 초급 강습을 듣고 나와 맞지 않는다고 생각되면 그만둘 생각이었다. 다른 사람들도 비슷한 생각이었을 것 같다.

　커플 댄스처럼 다른 사람들과 함께하는 취미 활동은 혼자 즐기는 취미보다 그만둘 핑계가 더 다양하다. 취미를 지속하는 이유는 재미있다는 것 하나지만 그만두는 이유는 여러 가지다. 연애하는데 상대방이 춤을 좋아하지 않는다거나, 결혼, 육아, 시험공부 등의 활동을 해야 해서 주말에 시간을 내기 어렵다는 각종 개인적인 이유가 나온다. 춤을 배운 지 얼마 되지 않은 사람 중에는 이렇게 중간에 그만둔 사람이 많다.

　나 역시도 연애와 바쁜 회사 업무를 핑계로 중간에 춤을 쉰 기간이 있다. 그러던 어느 날 다시 춤이 추고 싶어 다시 동호회를 찾아보게 되었다. 배운 시간보다 쉰 시간이 더 길어서 다시 출 수 있을까 싶었지만, 강습을 들어보니 신기하게도 몸이 기억하고 있었다. 배웠던 패턴 이름은 기억나지 않아도 리더가 하자는 대로 쉽게 따라갈 수 있었고, 패턴들 역시 자연스럽게 할 수 있었다. 오랜만에 추니 예전보다 훨씬 잘 추는 것 같다는 느낌마저 들었다. 결국엔 더 즐기고 싶어서 주말뿐 아니라 평일에 열리는 소셜 댄스까지 찾아갔다.

새로운 곳에서 강습을 들을 때는 예전에 알던 사람들은 한 명도 볼 수 없었다. 예전의 지인들은 모두 춤을 그만둔 건가 싶었는데 꾸준히 소셜 댄스를 다니다 보니 적게나마 아는 사람들을 하나둘씩 만날 수 있었다. 시간이 되는대로 가끔 기분 전환하러 오는 사

람들이 있는가 하면, 매일같이 춤추러 나오는 사람들도 있었다. 그런데도 다들 춤추고 있다는 게 신기했다.

이렇게 남아있는 사람들은 춤에 재능이 있어서 남아있는 걸까, 아니면 그냥 재미있어서 남은 걸까.

춤을 춘 지 얼마 되지 않았을 때 어느 댄서에게 춤을 너무 잘 춘다며 어떻게 그렇게 잘 추냐며 물은 적이 있었다. 그러자 그 댄서는 웃으며 말했다.

"춤판에는 이런 말이 있어. 춤을 잘 추는 사람이 남는 게 아니라 남은 사람이 잘 추는 거다. 나는 그냥 남은 거야. 너도 계속 추다 보면 돼."

다른 사람에게 물어봤을 때도 이와 비슷한 말을 들었다. 일단 남아서 열심히 춤추다 보면 나도 모르게 실력이 는다는 말에 꾸준히 하기만 하면 그만큼 잘 출 수 있을 것 같아 희망이 생겼다.

그러면 얼마나 오랫동안 춰야 춤을 잘 춘다고 할 수 있을까. 다른 사람들은 얼마나 오랫동안 춤을 춘 건지 궁금해서 잘 추는 사람들에게 물어봤다. 대부분은 어떤 춤이든 상관없이 10년 이상 춘 경우가 많았다. 특히나 웨스트 코스트 스윙을 잘 춘다는 사람들은 적어도 5년 이상 춘 사람들이었다. 해외의 잘 추는 댄서들 역시 춤을 춘 기간이 길었다. 나이가 어린데도 잘 추는 사람은 부모님이 댄서라 걸음마와 함께 춤을 시작했거나 어릴 때부터 관심이 있어서 스스로 시작한 경우였다.

잘 추기 위해서는 오랜 시간이 필요하다는 점에서 일만 시간의 법칙이 떠올랐다. 일만 시간의 법칙은 한 분야의 전문가가 되기 위해서는 적어도 만 시간이 필요하다는 법칙이다. 직업이 댄서가 아니라 취미로 하는 거라면 일주일에 열 시간씩 투자한다고 하면 약 1,000주일, 거의 20년 동안 꾸준히 춤을 춘다면 춤의 전문가가 되는 것이다.

이 법칙을 떠올리고 나니 잘 추는 사람들만 남아 있는 이유를 이해하게 되었다. 이 사람들은 재능이 뛰어나거나 잘 춰서 남아 있는 게 아니라 그저 재미있는 춤을 즐긴 것이다. 즐기다 보니 오랫동안 춤을 지속할 수 있었고, 그러다 춤을 잘 추게 된 것이다. 시간의 힘이라고 볼 수도 있겠다.

"천재는 노력하는 사람을 이길 수 없고, 노력하는 사람은 즐기는 사람을 이길 수 없다."는 말도 비슷한 의미다. 즐기는 사람은 더 열심히, 꾸준히 하기 때문이다.

● 소셜 댄스(Social Dance) : 사교를 위한 춤을 소셜 댄스라고 하는데 이렇게 춤추는 시간을 소셜 댄스 시간 또는 줄여서 소셜이라고 부른다. 춤의 종류나 지역에 따라 밀롱가(Milonga, 탱고)나 제너럴(General, 린디)이라고 하기도 한다. 음악마다 추고 싶은 사람에게 춤을 신청하고 파트너와 함께 자유롭게 춤추며 즐기는 시간으로 음악은 그날의 DJ들이 튼다. 고정적으로 시간이 정해져 있는 편이며 보통은 강습이 끝난 뒤 저녁 시간에 열린다. 웨스트 코스트 스윙 소셜 시간은 금요일 저녁 신촌의 올스타 스윙, 또는 수, 토, 일 저녁 강남의 웨스티 코리아에서 고정적으로 소셜 댄스 시간이 있다.

● 참고 영상 : 웨스트 코스트 스윙 소셜 댄스 – 웨스티 코리아Westie Korea

웨스트 코스트 스윙이란?

나에게 "웨스트 코스트 스윙이란?" 질문은 두 가지 의미가 있다.

- 웨스트 코스트 스윙이란 어떤 춤인가?
- 나에게 웨스트 코스트 스윙이란 무엇인가?

취미가 뭐냐는 사람들의 질문에 춤이라고 하면 꼭 무슨 춤인지 궁금해한다. 그때마다 "웨스트 코스트 스윙이라는 춤이에요."라고 대답하지만, 아는 사람은 물론이고 들어보기라도 한 사람을 찾기도 어렵다. 파트너 댄스는 한국에서 비주류고, 그중에서도 웨스트 코스트 스윙 댄스는 더더욱 추는 사람이 적다.

미국인들, 심지어는 춤을 춘다는 사람들에게 물어봐도 아는 사람은 거의 없었다. 미국에서 시작한 춤인데도 모른다는 것이 의아해서 물어보니 미국에 춤추는 사람은 많지만 그중 파트너 댄스를 추는 사람은 그렇게 많지 않다고 한다. 말만으로는 어느 정도

인지 감이 오지 않아 기술의 힘을 빌려보았다. 구글 트렌드로 댄스, 살사, 탱고, 웨스트 코스트 스윙 댄스라는 키워드는 얼마나 검색될까? 전 세계적으로 댄스가 75-100 정도 검색된다면 살사는 15-25, 탱고는 10, 웨스트 코스트 스윙은 1-3 정도로 전체 댄서 인구에 비해서는 턱없이 적었다.

웨스트 코스트 스윙에 관심을 갖고 그 춤은 어떤 춤이냐고 묻는 사람들에게는 간단하게 설명한다.

"대중적인 음악에 출 수 있어요. 주로 해외 팝송에 추지만 K-pop이나 다른 음악들에도 출 수 있어요."

"스윙의 한 종류로 파트너와 함께 추는 춤이에요."

"린디홉 같은 스윙 댄스 말고도 힙합이나 재즈댄스, 발레, 현대무용, 아이돌 댄스 등 여러 장르의 춤을 추가해서 출 수 있어서 요새는 모던 스윙이라고 부르기도 해요."

"평소 듣는 음악에 춤출 수 있고 고정 파트너 없이 혼자 가도 다른 사람과 함께 춤출 수 있어요."

사실 춤을 이해하기에 가장 좋은 방법은 백번 말로 설명을 듣는 것보다 영상을 보는 것이다. 유튜브에 웨스트 코스트 스윙으로 검색하면 한국 커뮤니티에서 운영하는 채널도 있고, 댄스 이벤트 등을 주최한 곳이나 댄서들이 운영하는 채널이나 SNS도 많다. 특히나 이런 대회의 영상은 이벤트 주최 측의 공식 영상 말고도 참가한 사람들이 각자 SNS에 업로드해서 다양한 영상을 찾을 수 있다. 각 댄서의 스타일이나 음악, 파트너와의 합에 따라 같은 음악이라도 다른 느낌의 춤을 볼 수 있어서 영상을 보기만 해도 시간 가는 줄 모른다.

그럼 나에게 웨스트 코스트 스윙이란 무엇인가? 이 춤은 나의 일상이라고 답하고 싶다. 평소 생활이나 생각, 지인 등이 대부분 춤과 연관되어 있기 때문이다. 구독하는 유튜브 채널의 절반 이상이 댄서인 것은 물론, TV는 보지 않아도 춤 영상은 찾아보는 덕분에 연예인 이름은 몰라도 프로 댄서들의 이름이나 이력은 줄줄이 꿰고 있다. 워낙 춤을 오래 추고 춤 이외에는 흥미가 적어서 이제는 댄서 아닌 지인이 더 적어지기도 했다.

평소에 음악을 즐겨 듣는데, 이때 하는 생각은 어떤 댄서가 이 음악에 춤을 췄었는지, 나는 어떻게 춤출지 고민한다. 평소에도 잘 추는 방법을 연구하며 다른 댄서의 춤을 찾아보는 이유는 음악을 듣고 춤으로 표현하는 것에 정답이 없기 때문이다. 음악이나 사람, 상황, 느낌마다 항상 다르다는 게 이 춤의 매력이다.

음악을 듣고 춤으로 표현하는 방법은 음악의 어떤 부분을 듣고 어떻게 표현하느냐에 따라 다르다. 그래서 음악을 들을 때마다 이런 음악에는 어떻게 출 수 있을지 상상하곤 한다. 대중교통에서 음악에 맞춰 손과 발, 고개를 까딱이거나 어깨를 들썩이고, 스트레칭하는 척 웨이브를 타면서 말이다.

춤을 표현하는 방법 말고, 추는 방법도 사람마다 천차만별이다.

같은 춤을 배워도 소화하는 게 다르기 때문이다. 다른 장르의 춤을 배웠다거나, 운동을 배워 몸을 쓰는 방법을 알고 있느냐에 따라 한 동작을 하는데도 보이는 모습에 차이가 있다. 운동을 한 사람은 춤에 필요한 근육을 더 쉽게 사용해서 안정적으로 추고, 다른 춤을 춘 사람은 그 춤에서 배웠던 점들이 몸에 배어있어서 새로운 느낌의 웨스트 코스트 스윙을 춘다.

이런 점을 노리고 일부러 다른 운동을 배워 춤에 쓰는 근육을 만들기도 한다. 춤추다 보면 춤에 필요한 근육이 생긴다지만, 생각만큼 빠르게 근육이 늘지 않기 때문이다. 헬스 등의 운동은 특정한 근육을 노리고 키울 수 있기 때문에 효과가 훨씬 좋다. 또는 집에 밸런스 보드나 밴드 등의 도구들을 놓고 운동하기도 한다.

최근에는 전 세계 사람들과 함께 추겠다며 댄스 이벤트를 중심에 놓고 모든 여행 계획을 세우고 있다. 춤에 빠지기 전에는 춤이 직장보다 소중하지는 않았으니 연차가 남았어도 일을 해야 한다며 돈을 아끼고 여행도 1년에 한 번으로 제한했었다. 하지만 지금은 더 춤추기 위해 연차를 아낌없이 쓰고 회사의 다른 제도를 이용할 수는 없을지도 찾아가며 전략적으로 춤 여행 계획을 짜는 것이다.

이럴 때면 내가 정말 춤에 미친 게 아닌가 하는 생각이 든다. 평소의 생각이나 운동, 활동부터 특별한 이벤트인 여행까지 춤으로 꽉꽉 채우고 있으니 말이다. 이렇게 춤을 빼놓고는 일상을 설명하기 어려울 정도라서 웨스트 코스트 스윙은 내 일상이 되었다.

- 이벤트 : 웨스트 코스트 스윙의 축제. 각 지역의 커뮤니티에서 개최하며 일반적으로 워크숍, 대회, 소셜 댄스 시간으로 구성된다. 스윙 댄스에 영감을 주고 커뮤니티를 키우기 위해 열리는 만큼 먹고 자는 시간을 제외하고는 춤과 관련된 스케줄로 이루어진다. 큰 틀에서의 대회 규정은 WSDC(World Swing Dance Council)의 규칙을 따르지만, 세세한 룰은 이벤트마다 다르다. 주말마다 세계 어딘가에서는 이벤트가 열리고 있다.

- 참고 영상 : West Coast Swing – The Dance Of Your Life (BarnaWesties)

말하지 않아도 알아요

춤을 시작한 지 얼마 안 됐을 때 사람들에게 왜 이 춤이 좋냐고 물어본 적이 있다. 그때 들었던 말들은 아직도 기억에 남아있다.

"모르는 사람이랑 추는 게 좋아. 포장된 선물상자를 여는 기분이야."

"나는 파트너랑 연결된 느낌이 좋아! 쫀쫀한 느낌인데 이걸 이용하면 춤도 더 쉽게 출 수 있어."

"처음에는 음악이 좋았는데 지금은 커넥션[1]이 좋아. 상대방이랑 춤으로 대화하는 느낌이 들어."

"오~ 그 비유 맞는 것 같아. 커넥션이 있어야 상대방이 하려는 걸 알아들을 수 있고 내가 하려는 것도 전달할 수 있지."

사실 이 대화를 할 때만 해도 이해하지 못했는데 어느샌가 나도 이 느낌을 즐기며 상대방과 대화를 시도하는 걸 발견했다.

---

1) 커넥션 : 파트너와 연결되어 있는 상태 또는 느낌. 주로 파트너와 손을 잡고 있지만 그 외에도 연결되어있는 몸을 통해 의사소통할 수 있다. 커넥션을 통해 리더가 동작을 이끌고 팔로워가 따라갈 수 있다.

사람들이 음악을 들을 때는 박자를 듣기도 하고, 가사를 듣기도 하고, 드럼이나 베이스, 피아노 같은 악기 소리를 듣거나 가수의 목소리를 듣기도 한다. 모두가 듣는 음악은 다르기 때문에 이걸 몸으로 표현하는 것도 달라진다.

음악을 듣고, 들은 것을 몸으로 표현하는데, 춤추면서 "내가 듣는 건 이래. 너는 어때?" 라거나 "나 이렇게 추고 싶은데 같이 맞춰 볼래?" 같은 말을 커넥션을 통해 전달한다. 커넥션을 이용하면 하고 싶은 동작을 혼자 또는 파트너와 같이 할 수 있다.

파트너와 춤출 때 즐거운 순간은, 내가 듣는 음악을 상대방이 함께 듣고 있을 때, 혹은 생각하지 못한 표현 혹은 더 재미있는 얘기를 하는 사람을 만났을 때다.

내가 둔둔둔둔 하는 드럼 소리에 맞춰 두근거리듯 가슴을 내밀기를 반복했을 때, 파트너가 내 춤에 빠르게 반응해서 인형을 조종하듯 손을 같이 올렸다 내린 적이 있었다. 이렇게 하자고 미리 짜놓고 춤추는 게 아닌데도 딱 맞는 느낌을 경험하면 춤이 훨씬 다채롭게 느껴지고 다음에 들을 노래도 기대하면서 다른 방법으로도 음악을 표현하고 싶어진다.

글로만 설명하면 굉장히 모호한 것 같지만 우리 몸은 눈으로, 손으로, 연결되어 있는 느낌으로 많은 감각을 상대방에게 전달할 수 있다. 사람이 의사소통할 때 비언어적 표현으로 90%의 의사를 전달한다는 연구도 있을 만큼 음악으로 소통하는 것 역시 눈빛과 표정, 몸짓, 잡는 손의 힘 등 다양한 방법을 통해 의사를 전달할 수 있다.

　여기에서 커넥션 없이 혼자 춤추는 사람은 설사 춤을 잘 추더라도 혼잣말하는 것과 같고, 반대로 춤을 잘 못 추는 데 커넥션이 좋은 경우에는 대화가 잘 이어진다는 느낌을 받는다. 커넥션은 일종의 대화 방법이기에 상대방을 대하는 법이나 성향이 드러난다. 상대방을 얼마나 생각하고 배려하는지, 나만 생각하지는 않는지도 느낄 수 있다.

　춤을 추다 보면 대화, 말하는 방법과 함께 각자의 성향이 드러나기도 한다. 자기 할 말만 하고 상대방의 말은 듣지 않는 사람, 자기가 하고 싶은 말은 잘하지 않지만, 상대방의 말에 리액션이 좋은 사람, 신기한 주제로 대화를 이끄는 사람, 다들 아는 얘기나 했던 얘기만 반복해서 따분하게 대화하는 사람 등 춤추면서 사람들의 느낌을 몸으로 느낄 수 있다.

2장
소셜 댄스 시간

소셜 댄스(Social Dance) : 사교를 위한 춤을 소셜 댄스라고 하는데 이렇게 춤추는 시간을 소셜 댄스 시간 또는 줄여서 소셜이라고 부른다. 춤의 종류나 지역에 따라 밀롱가(Milonga, 탱고)나 제너럴(General, 린디)이라고 하기도 한다. 음악마다 추고 싶은 사람에게 춤을 신청하고 파트너와 함께 자유롭게 춤추며 즐기는 시간으로 음악은 그날의 DJ들이 튼다.

춤 신청과 거절

댄스 커뮤니티마다 자유롭게 춤추는 시간이 정해져 있다. 소셜 댄스 혹은 소셜이라고 부르는데 다 같이 춤추는 시간으로 춤추고 싶다면 누구든 시간을 맞춰 정해진 장소로 오면 된다. 한국에서는 보통 평일 저녁 9시부터 11시, 주말은 저녁 7시 반부터 10시 반 정도가 일반적이다. 이 시간에는 매번 다른 파트너와 임의의 음악에 춤을 춘다. 고정된 파트너와 추는 게 아니라서 누군가는 춤추자는 의사를 표현하며 신청해야 한다.

춤 신청 방법은 그렇게 어렵지는 않다. 그저 가서 한 곡 추자고 얘기하거나, 춤추자며 묻는 등 말로 표현하는 것이 대부분인데 말로 표현하기 쑥스럽다면 다가가서 손을 내미는 것만으로도 의사를 표현할 수 있다. 한국에서는 가까이 가서 인사하듯 고개를 살짝 숙이면 춤을 신청하는 것으로 보기도 한다.

외국인과 춤출 때는 영어로 의사 표현을 하거나 바디랭귀지로 말한다. 영어로는 "Would you like to dance?", "Shall we dance?", "Shall we?" 혹은 "Dance?"라고만 말해도 대부분 이해한다. 외국인이라고 지레 겁먹는 경우가 많은데 서로 언어가 다르다는 걸 알고 있기 때문에 오히려 이해할 준비가 되어있다. 그 덕분에 가끔은 춤추자는 새로운 바디랭귀지를 배우는 기회가 되기도 한다.

댄서들은 대부분 한 손을 내미는 것으로 의사를 표현하는데, 레이디를 에스코트하는 것처럼 오른손을 우아하게 내밀며 신청하기도 한다. 그 외에도 한 손바닥 위에서 다른 손의 검지와 중지를 움직이며 걷는 다리를 표현하기도 하고, 자기 왼손과 오른손을 춤추듯이 잡고 쎄쎄쎄 하는 모양을 보여주며 춤추자고 하기도 한다. 손을 내미는 동작이 아닌데도 춤추자는 의미라면 상대방이 신기해하거나 재미있어하며 한두 마디라도 대화를 더 하게 된다. 춤추기 전부터 상대방의 웃음을 끌어내면 처음 만난 사이라도 부드러운 분위기에서 춤을 시작할 수 있다는 장점이 있다.

춤 신청은 어렵지 않지만, 가끔 거절하거나 거절당하는 일도 있다. 처음 춤을 배울 때, 춤 신청을 받으면 거절하지 않는 것이 에티켓이라고 들은 덕분인지 대부분 사람은 거절하지 않는다. 그렇다고 춤추고 싶지 않거나 힘든데 신청받았다고 억지로 출 필요는 없다. 다른 사람과 중요한 이야기를 나누고 있어서 방해받고 싶지 않거나, 나오는 음악이 어려워서 혹은 취향이 아니라거나, 곡 중간에 신청한 경우에는 한 곡을 온전히 추고 싶다는 이유로 춤을 나중으로 미루거나 거절하기도 한다.

큰마음 먹고 다른 사람에게 춤을 신청했을 때, 거절당하면 거절당한다는 것 자체가 무섭기도 하다. 대부분의 경우는 거절하는 이유도 알려주는데 그 이유가 나와 추기 싫어서가 아니기 때문에 크게 실망할 필요는 없다.

가장 흔한 거절 사유는 다른 사람이 이미 춤추자고 하고 기다리고 있어서다. 두 명이 동시에 신청해서 한 명과 먼저 추고 다음 사람은 다음 곡을 추기로 약속했는데 내가 중간에 신청한 상황이다. 이런 경우엔 대기하거나 다른 사람과 춤추러 간다. 혹은 상대방이 너무 많이 춰서 잠시 쉬고 싶을 때 신청했다거나, 급한 일이 생겼을 때, 이제 막 와서 춤출 준비가 되지 않았다거나 하는 경우 등 다양한 상황이 있다. 이런 경우 다시 찾아와서 신청해 주는 경우도 있지만 너무 많은 사람을 만나서 까먹는 경우도 있으니 그 사람과 다시 추고 싶다면 거절에 개의치 말고 시간이 지나고 다시 가서 신청해도 괜찮다.

가끔은 거절당해도 오히려 반가운 경우도 있다. 한 번은 춤 신청을 할 용기를 내지 못해서 음악의 절반이 지나가는 동안 신청을 해도 될까 싶어서 망설이다가 겨우 신청한 적이 있었다. 망설이면서도 음악이 지나간 걸 미처 생각하지 못했을 때였는데, 신청을 받아준 사람이 이미 반 곡이 지났으니 다음 곡에 한 곡을 추는 게 어떠냐고 하며 남은 반 곡 동안 이야기를 나눈 적도 있다. 혹은 남은 반 곡을 추다가 바로 이어진 다음 곡도 추자고 한 적도 있었다.

자기가 잘 추는 음악이나 춤 스타일의 강점을 아는 사람들은 음악의 선호가 분명해서 잘 추지 못하는 음악이 나오면 춤을 거절하기도 한다. 이런 이유로 춤 신청을 거절당하면 내가 싫어서 그런 건 아닌가, 나랑 추는 춤이 재미없어서 거절당한 건 아닌가 하는 생각이 들어서 울적해지기도 하지만 상대방이 추기 싫거나 어려운 곡에 추는 경험이 더 안 좋을 수도 있다. 다른 사람과 출 때는 엄청 멋지고 재미있게 추던 사람이 나와 출 때는 무표정에 성의 없는 게 느껴지면 차라리 춤 신청을 거절하는 게 나았을 거라는 생각이 들 정도로 기분이 나빠질 수 있기 때문이다. 함께 춤을 춘다기보다는 기계적으로 간단한 동작만 반복하며 마지못해 추는 느낌이라 춤뿐 아니라 상대방에게도 실망하게 된다.

이렇게 서로 기분 나빠질 바에는 깔끔하게 신청을 거절하고 더 좋은 기회를 노리는 게 서로에게 이익이다. 함께 재미있고 신나게 추고 싶은데 춤 한번 잘못 추었다가 각자의 감정에 안 좋은 느낌만 남는다면 나중에도 서로 불편할 수 있다.

춤 신청을 자주 하다 보면 거절당하는 건 의외로 흔한 일이다. 거절당할 때마다 실망스러운 기분이 들고 가끔은 춤출 기분이 나지 않지만, 누군가 내게 춤 신청을 하고 엄청 재미있게 추고 나면 안 좋은 기분이 싹 날아가기도 한다. 거절당했었지만 그 이유가 다른 사람의 예약이 밀려있었다거나 너무 힘들어서 잠시 쉬고 싶다는 이유였다면 몇 곡 뒤에 다시 와서 신청을 해주어서 더 즐겁게 추는 경우도 흔하다.

대부분의 경우, 거절당하는 이유는 나 때문이 아니다. 만약 그렇다고 하더라도 직접적으로 너랑 추기 싫다고 말하는 사람은 없기 때문에 다른 이유가 있다고 생각하고 넘겨버리는 것이 정신건강에 이롭다.

매번 보는 사람들과 춤출 때,
춤이 질린다면?

　소셜 시간에는 DJ가 트는 음악에 맞춰 춤추는데, 어떤 음악이 나오는지는 전적으로 DJ에게 달려있다. 음악마다 파트너도 다르니 항상 즉흥적으로 춤추게 된다.

　하지만 즉흥적인 춤이라도 매번 보는 사람들과 추다 보면 추는 춤의 패턴이 반복된다는 생각이 들며 지겨워질 때가 있다. 이럴 때, 지겨움을 해결하는 방법은 여러 가지가 있다. 내 경우에는 중간중간 추고 싶은 대로 막춤을 추거나 술의 힘으로 흥을 끌어올렸다. 하지만 가장 유용했던 방법은 강습을 듣고 연습해서 춤을 업그레이드하는 것이었다.

　일반적으로는 초급, 초중급, 중급의 순서로 진행되는 레벨별 정규 강습이 있다. 강습은 소셜 시간 전인 5시부터 6시 혹은 6시부터 7시 정도에 열리는데, 강습에서 배운 패턴은 강습 때도 연습하지만, 소셜 시간에 다른 사람들과 춤추면서 더 많이 연습하게 된다. 정규 강습을 모두 들은 사람들은 잘 추는 댄서들의 영상을 보며 스스로 연습한다. 혼자 연습하는 것보다는 강습에서 더 많이 배우기에 가끔 열리는 특강이나 일일 워크숍은 가뭄에 내리는 단비 같다. 덕분에 특강은 많은 사람이 함께 듣게 되고, 그날은 소셜 시간에 서로 물어보며 배운 패턴을 연습하는 발전의 장이 된다.

한 번은 원풋턴(One Foot Spin)[2] 특강을 들은 적이 있었다. 잘 추는 사람들을 보면 항상 이 패턴을 멋지게 하는데 볼 때마다 감탄사가 나온다. 혼자서는 아무리 연습을 해봐도 줄 없이 내던져진 팽이처럼 실패해서, 성공할 수 있는 작은 팁이라도 얻기를 바라며 특강을 신청했다.

한 달 동안 진행되는 원풋턴 특강은 모두가 혼자 연습하는 동작으로 시작했다. 한 발로 중심을 잡고 서서 버티는 것과 혼자 힘으로 도는 연습이었다. 일반적인 원풋턴은 리더가 돌리고 팔로워가 도는 패턴이라 팔로워만 잘 돌면 된다고 생각했다. 하지만 리더도 춤추다가 혼자서 돌 수 있으니, 역할에 상관없이 혼자서 도는 연습을 하는 것이다.

각자 하는 연습 뒤에는 파트너와 같이 하는 연습 시간이 이어졌다. 팔로워가 맷돌이 된 것처럼 한 발로 중심을 잡고 오른손을 머리 위로 들면 리더가 그 손을 맷손처럼 잡고 돌리는 것이다. 팔로워는 리더가 돌려줄 때 어떻게 균형을 잡는지, 리더는 어떻게 팔로워의 중심을 무너뜨리지 않고 잘 돌릴 수 있는지를 연습했다.

---

2) 원풋턴은 팔로워가 한 발로만 서서 도는 패턴으로 팔로워가 중심을 잘 잡고 한 손을 들고 한 발로 서있으면 리더가 팔로워의 손을 잡고 돌리는 패턴이다.

원풋턴은 리더나 팔로워 혼자 잘한다고 되는 것이 아니라 같이 추는 사람과 합도 잘 맞아야 해서 연습이 많이 필요하다.

원풋턴 특강이 열리는 시기에는 춤출 때 한 발로 돌고, 돌리는 사람들이 눈에 띄게 늘어난다. 강습을 들은 사람들이 이 패턴을 매번 연습해서 한 곡에도 여러 번 시도하기 때문이다. 특강을 듣지 않은 사람들도 이 기회에 편승해서 원풋턴을 시도하곤 한다. 리더 입장에서 원풋턴은 파트너와 합이 맞아야 하는 동작이라 아무것도 모르는 사람을 대상으로는 할 수 없고, 팔로워는 원풋턴 리딩이 들어올 때만 할 수 있다. 이런 특강이 있을 때면 많은 댄서가 알고 시도하기에 모두가 연습하기에 훨씬 수월하다. 이렇게 다수가 한 패턴에 도전할 때면 여러 커플이 동시에 원풋턴을 시도하는 상황도 구경할 수 있다.

원풋턴 특강은 크게 도움이 되었지만, 연습할 때 여러 번 성공한 것과는 다르게 막상 춤출 때는 실패한 적이 훨씬 많았다. 해도 해도 안 되는 게 답답해서 소셜이 끝나고 뒤풀이 자리에서 패턴에 대해 한탄하며 얘기했었다.

"원풋턴을 계속 연습해서 혼자서는 돌 수 있는데 리더랑 손만 잡으면 자꾸 균형을 잃어요. 대체 어떻게 잘 도는 거예요?"

"원풋턴에서 중요한 건 여러 가지 있긴 한데, 리더가 돌려주기 전에 준비하는 자세에서 방향이 틀어져 있으면 돌면서 균형을 잃을 수도 있어. 한번 해볼래?"

그렇게 이미 시행착오를 겪은 사람들이 유용한 팁을 전수해 주어 술을 마시다가 일어나서 연습을 해보게 됐다. 때아닌 연습이었지만 술자리에서 얻은 팁들은 내 춤을 업그레이드하는 데 큰 도움이 되었다.

한 번씩 춤이 재미없어질 때, 춤을 업그레이드해서 재미를 찾는 사람도 있지만 다른 방법으로도 재미를 찾을 수 있다. 술의 도움을 받는다거나, 운동처럼 땀을 흘리다 보면 괜찮아진다거나, 혹은 다른 사람들과 대화를 통해 도움을 받기도 한다.

사람마다 재미를 찾는 방법은 다양하다. 춤 신청하는 것이 어렵고 적극적으로 춤추는 것도 너무 부끄럽다며 술의 도움을 받는 사람, 술 마시고 춤을 춰야 더 흥이 난다는 사람들은 춤출 때마다 맥주를 몇 캔씩 사 온다. 춤도 운동이라며 쉬는 시간 없이 추는 사람, 땀을 한 바가지씩 흘리며 춤추는 사람이 있는가 하면 느긋하게 쉬면서 추는 사람도 있다. 귀족들의 사교 파티처럼 사람들과 대화하면서 중간중간 춤추는 걸 선호하는 사람, 다른 세상에 온 것 같다며 구경하는 것만 봐도 좋다며 엄마 미소를 짓는 사람 등 쉬는 시간을 갖는 것도, 재미있는 포인트도 사람마다 다 다르다.

● 참고 영상 : 원풋턴 One Foot Spin, West Coast Swing - Hot Winter Production

처음 보는 댄서들과 춤추면
어떤 느낌인가요?

한국에는 1년에 두 번의 이벤트가 열린다. 해외의 프로 (Professional)[3] 댄서들을 초청하고 이벤트를 핑계로 해외 댄서들이 찾아오기에 처음 만나는 댄서들과 춤출 기회도 많다.

이벤트는 호텔이나 호텔 근처에서 열리기 때문에 다들 근처에 잘 곳이 있다. 대부분의 댄서는 지역별 커뮤니티에 속해있어 같은 커뮤니티 사람들끼리 숙소를 예약하고 저녁에 룸파티를 열곤 한다. 주로 친한 사람들과 함께 이벤트에서 있었던 일들을 공유하며 맛있는 것도 먹고 즐기며 떠드는 시간이다. 룸파티에서 마시다 남은 술은 밤새도록 이어지는 소셜에도 들고 와서 마시기도 해서 평소 소셜보다 들뜬 분위기에서 춤을 춘다.

분위기 외에도 평소와 다른 점은 멀리서 온 댄서들이 많아 함께 춤을 추는 사람이 훨씬 다양하다는 점이다. 이벤트에서의 꽃

---

3) 프로(Professional) 댄서 : 잘 추는 댄서를 의미하기도 하지만 주로 댄서를 직업으로 삼고 다른 사람에게 춤을 가르치는 사람을 의미한다.

은 늦은 저녁에 시작하는 소셜 시간이다. 이르면 저녁 8시, 늦으면 새벽 1시부터 시작해서 지치지 않고 남아있는 사람이 있다면 끝나지 않는다. 이벤트에서는 다들 근처에 숙소를 잡아놓고 노는 만큼 귀가 걱정 없이 밤새도록 춤출 수 있다는 것도 큰 차이다.

해외의 댄서들과 춤을 춰보면 같은 춤인데도 음악을 듣고 해석하고 표현하는 방식[4]이 다르다는 것을 알 수 있다. 어떤 음악에 출 때, 한국인들은 둠둠둠 하는 박자에 음악을 표현하거나 외운 패턴들만 나열했다면, 외국인은 '~~ let me down, down down down' 같은 가사가 들릴 때 앉거나 상대방과 눈을 마주치며 같이 앉으려고 하는 방식으로 음악을 표현했다. 만약 타이밍을 놓쳤거나, 이런 동작들이 불가능한 순간이었다면 다음에 비슷한 가사가 나올 때 다시 가사를 표현할 기회를 노린다.

이벤트 중에 춤출 때는 평소보다 재미있는 일이 많다. 그중 기억나는 것은 리더가 갑자기 손을 놓고 가까운 구석으로 가버렸을 때였다. 춤추다가 손을 놓아버리는 경우는 거의 없어서 당황했는데 노래를 다시 짚어보니 'at the corner'라는 가사가 나오는 시점에 움직인 거라는 걸 깨닫고 웃음을 참을 수 없었다.

같은 음악, 같은 파트, 심지어 같은 포인트라도 사람마다 표현하는 방법이 다 다르다. 예를 들어 BTS의 Butter에 춤추는 여러 커플이 있다고 해보자. 중간에 나오는 'Break it down'이라는 가사

---

4) 뮤지컬리티(음악성) : 댄서가 음악을 해석하고 표현하는 능력. 음악의 리듬, 멜로디, 타이밍, 분위기 등을 각자의 방식으로 해석하고 몸을 쓰는 움직임, 타이밍이나 스타일링 등을 통해 표현한다.

가 나오는 포인트에서 점프하며 뒤로 가는 사람, 갑자기 주저앉는 사람, 무릎을 들거나 어깨를 들썩이는 사람 등 관련 영상만 찾아봐도 다양하다. 이렇게 우리 몸을 이용해서 표현할 방법은 머리부터 발끝까지 각도나 움직임을 찾으면 수도 없이 많다.

같은 춤을 전혀 다른 느낌으로 추고, 다르게 음악을 듣고 표현하는 것을 느끼다 보면 시간 가는 줄 모르고 놀게 된다. 밤새도록 이어지는 소셜 시간 동안 빨간 구두를 신은 것처럼 해가 뜰 때까지 출 수 있다.

이벤트 중에는 한 번도 만나본 적 없는 댄서들과 춤출 기회가 있는 만큼 일부러라도 나서서 처음 본 댄서에게 춤을 신청하는 것도 소셜의 묘미다. 처음엔 조금 어색할 수 있지만 이벤트에서 만나는 댄서들의 절반 이상이 다 모르는 사람일 때도 많다. 그럴 때 아는 사람과만 추게 되면 절반 이상의 기회를 날리는 것과 같다. 나와 춤춘 그 사람이 어떤 사람인지 대화를 할 시간은 부족하지만 어떻게 춤추는지는 알 수 있다는 것이 이벤트 중 소셜 댄스의 매력이다.

- 참고 영상 : 같은 음악, 다른 춤 (Man! I feel like a woman!)

- 같은 음악 다른 춤 (BTS-Butter)

여행에 춤 한 스푼
끼얹기

직장인이 되고부터, 인생의 즐거움은 해외여행이라며 1년에 한 번은 꼭 일주일 이상 해외여행을 다녔었다. 그 여행이 춤 여행으로 바뀐 건 그리 오래되지는 않았다. 처음으로 여행에 춤을 한 스푼 끼얹은 건 러시아 여행이었다. 오래된 내 버킷 리스트에는 '러시아 횡단 열차 타기'라는 항목이 있었고 춤과는 상관없이 여행을 계획했었다. 6개월 전부터 미리 준비했고, 열흘이라는 여행 기간 동안 어디에서 뭘 할지도 하나씩 정하면서 함께 춤추며 친해진 사람들에게도 신이 나서 자랑했다.

"러시아 횡단 열차를 타러 갈 거예요! 블라디보스토크에서 모스크바까지 열차 타고 가려고요."

"너 그러면 블라디보스토크나 모스크바에서 춤추러 갈 거야?"

"네? 여행 가서 춤을 춘다고요?"

"거기도 웨스트 코스트 스윙 추는 댄서들이 있어. 모스크바는 커뮤니티 페이지가 있고 블라디보스토크는 Lyubov한테 메신저로 물어봐서 일정 맞으면 가봐."

여행은 여행이고 춤은 춤이라고 생각했었는데 그 말을 듣고 여행에 춤을 합칠 수 있다는 사실을 깨달았다. Lyubov는 블라디보스토크에 사는 댄서로, 그 동네 커뮤니티의 운영자였다. 내가 가는 날짜에 춤출 수 있는지 물어보니 그날은 허슬 댄스(Hustle Dance)[5]라는 다른 춤 커뮤니티와 연합해서 국제 춤의 날 기념으로 하루짜리 이벤트를 한단다.

오후 6시부터 이벤트가 시작한다기에 시간에 맞춰 바로 이벤트 장소로 향했다. 이벤트 장소는 한국의 여느 연습실들처럼 지하 1층이 아니라 시내에서 멀지 않은 높은 건물의 5층 꼭대기였다. 그 덕분에 창밖 풍경을 보면서 춤출 수 있다는 점이 매력적이었다. 6시는 아직 밝아서 춤추는 사람들 뒤로 파란 하늘이 보였고 하늘을 뒤로하고 춤추는 사람들은 훨씬 생동감이 넘쳤다.

도착했을 때는 이미 사람들이 춤추고 있었고 한편에서는 옷을 갈아입는 사람들이 있었다. 사람들은 곧 있을 대회를 위해 깔끔하게 차려입고 서로의 등 뒤나 엉덩이에 번호표[6]를 달아주고 있었다. 그리 오래 지나지 않아 대회가 시작되었는데 허슬 댄스 대회가 먼저 진행됐다. 허슬을 직접 춰보진 않았지만, 눈에 들어오는 동작은 한 패턴이 끝날 때마다 한 팔을 옆으로 뻗는 것이었다. 한 번씩 타이밍이 맞을 때면 대회에 참가한 여러 커플이 다 같이

---

5) 허슬 댄스(Hustle Dance) : 라틴계 파트너댄스/소셜댄스로 스윙과 살사, 맘보, 볼레로 등의 영향을 받았다.
6) 대회에서 번호표는 리더의 경우 등 뒤에, 팔로워는 허리 아래, 엉덩이에 단다. 춤추면서 상대방의 손이 잘 닿지 않는 위치다.

팔을 허수아비처럼 뻗는 모습이 신기했다.

허슬 대회가 끝난 뒤에는 웨스트 코스트 스윙 대회[7]가 이어졌다. 예선에서는 여러 커플이 한 번에 대회를 치렀고, 뒤이어 본선에서는 한 커플씩 앞으로 나와서 진행했다. 심사위원이 따로 있지는 않았고, 본선에 나간 참가자들이 서로를 채점했다. 각자 채점판을 들고 다른 사람이 춤추는 걸 보면서 점수를 표시하다가 자신이 춤출 차례가 되면 랜덤하게 뽑은 파트너와 즉흥적으로 춤추는 것이다.

예선을 구경할 때는 눈치채지 못했는데 블라디보스토크의 댄서들은 리딩과 팔로잉을 둘 다 하는 댄서들이 많았다. 지금은 전 세

7) 대회(Competition)는 영어의 앞 글자를 따서 컴피라고도 부른다. 이벤트마다 여러 종류의 대회를 여는데 가장 흔한 것은 음악, 파트너 모두 임의로 정하는 잭앤질(Jack & Jill)과 파트너만 미리 정하고 음악은 임의로 결정되는 스트릭틀리(Strictly) 방식이 있다.

계적으로 리딩과 팔로잉을 같이하는 사람들이 늘어났지만, 내가 러시아 여행을 갔던 6년 전의 한국에는 남자 팔로워나 여자 리더는 거의 없었다. 블라디보스토크에서는 역할을 둘 다 하는 댄서들이 많았던 덕분에 본선에서 여자와 여자, 남자와 남자가 추는 상황을 자주 볼 수 있었다. 일반적이지 않은 역할인데도 남자 팔로워나 여자 리더가 춤을 잘 추니 더 멋있어 보였다.

대회와 공연은 3시간 동안 이어졌고, 모든 행사가 끝난 뒤, 소셜 댄스가 시작됐다. 해가 진 뒤라서 마냥 어두울 것만 같았는데 행사장에 은은한 조명이 들어오니 그전과는 다른 공간에 온 것 같았다.

소셜 댄스 시간에 춤을 신청할 때는 허슬 댄서와 웨스트 코스트 스윙 댄서가 섞여 있던 만큼 꼭 먼저 확인이 필요했다.

"춤출래요? (Shall we dance?)"

"저는 웨스트 코스트 스윙 댄서예요. (I'm west coast swing dancer.)"

"당신은 웨스트 코스트 스윙을 추나요? 허슬을 추나요? (Are you do west coast swing? or Hustle?)"

그 지역에서 춤추는 사람들은 대부분 서로의 얼굴을 알고 있지만 그 사람들에게 나는 이방인이었다. 그래서 신청할 때 내가 추는 춤을 먼저 언급하거나 상대방이 어떤 춤을 추는지 얘기해야 춤출 때 당황하지 않을 수 있었다.

웨스트 코스트 스윙 댄서라도 남자가 팔로잉을 하고 여자가 리딩을 할 수 있다. 처음 만난 댄서고, 그 사람이 어떻게 추는지 본 적도 없다면 리더인지 팔로워인지를 물어보는 게 좋다. 물론 귀찮다면 그냥 신청해도 된다. 그러면 상대방이 먼저 물어볼 것이다. 춤 신청을 했는데 상대방이 리딩과 팔로잉을 둘 다 할 수 있는 경우, 다시 물어보기도 한다.

"리딩 할래요? 팔로잉 할래요? (Do you want to lead or follow?)"

한참을 현지 사람들과 뒤섞여 춤추고 대화도 나누고 나니 자연스레 무리에 받아들여진 것 같았다. 러시아를 여행하는 열흘 중 춤을 춘 건 하루뿐이었지만 해외의 춤추는 공간에서 댄서들을 만난 건 여행 중 가장 즐거운 경험이었다. 파란 하늘, 시내의 야경을 보면서 춤을 춘다는 게 이렇게 멋지다는 걸 처음 깨달았다. 모르는 사람들이 가득한 곳에서 춤을 춰보니 매번 추던 춤인데도 새롭게 다가왔고 춤 역할에 대한 고정관념도 깰 수 있었다. 어디에나 있는 건 아니라지만 해외에 나가도 하던 취미를 이어서 할 수 있다는 것도 큰 발견이었다.

- 참고 영상 : (왼)여자 리더 – Samantha Buckwalter&Mia Paster Swingtacular 2022 – Kathleen Sun / (오)남자 팔로워 –
Florian Simon&Phoenix Grey at SwingVester – West Coast Swing

평일에 춤추러 갈 때
필요한 것

해외의 소셜 댄스는 한국과 크게 다르지는 않지만 가장 크게 다른 점이 있다. 소셜 시간이 대부분 평일 저녁에 이루어지고 대부분 주말에는 정기적인 소셜이 없다. 가끔 주말에 소셜이 있는 경우는 워크숍이 있거나 이벤트가 있을 때뿐이다. 주말이 가족들과 함께하는 시간이라 그런 건지, 주말마다 각 지역에서 열리는 이벤트를 가느라 소셜이 없는 건지는 모르겠다.

샌프란시스코에는 웨스트 코스트 스윙 댄서가 많고, 지역 소셜에도 이미 다녀온 사람이 있어서 미리 정보를 알 수 있었다. 장소는 샌프란시스코 시내에서 20분 정도 차로 이동하면 되는 미션 시티 스윙(Mission city swing), 수요일 저녁마다 소셜이 있었다.

출장에서의 업무 일정을 마치고 저녁에 춤을 추러 갔다. 소셜 장소는 시내에서는 제법 떨어져 있는 주택들 사이에 자리 잡고 있었다. 마침 내가 방문한 날은 비가 와서 조용하고 어둑어둑한 분위기라 스릴러 영화에 나올 것만 같은 분위기였다. 어두운 건물들

사이에 간판 없는 한 건물만 창문에서 빛이 새어 나오고 있었고 익숙한 음악이 들려 댄스 스튜디오인 것을 확신할 수 있었다.

문 근처로 가자마자 안내를 해주는 사람이 눈을 마주쳐 주었다. 웨스트 코스트 스윙을 추는 곳이 맞는지를 재차 확인하고 들어가서 신발을 갈아 신으니 외진 곳에 혼자 찾아왔다는 긴장이 풀리는 느낌이었다.

댄스 스튜디오로 사용하기 전에는 교회였는지 공간은 큰 방 두 개로 나뉘어 있었고 한쪽 구석에는 교회에서 사용한 듯한 의자들이 쌓여있었다. 한쪽 방은 밝아서인지 연습하는 사람들이 있었고, 다른 쪽은 조금 더 아늑한 조명에서 음악에 맞춰 춤추는 사람들이 공간을 채우고 있었다.

익숙하지 않은 공간이라 소셜이 왠지 어색해서 한창 춤추는 사람들을 지켜보며 구석에 앉아있으니 지나가다 눈이 마주친 리더가 먼저 춤을 신청했다. 한 곡을 추고 나니 다른 사람들과 두 곡 세 곡 연달아 추는 건 그리 어렵지 않았다.

연달아 춘 춤에 힘들 때는 잠시 앉아서 쉬면서 주변을 둘러봤다. 처음 방문한 곳이라 가만히 지켜보기만 해도 새로웠고 멋지게 추는 댄서들도 많아서 구경만으로도 눈이 즐거웠다. 벽의 꽃처럼 서 있는 사람들도 보였지만 사실은 춤추려고 기다리는 중이었는지 음악이 몇 곡 지나고 나서는 벽 근처에 남아있는 사람은 없었다. 다들 적극적으로 춤추거나 친한 사람들끼리 한편에서 연습하는 모습이 열정적이었다. 함께 춤출 때 잘 안됐던 동작은 곡이 끝난 뒤 왜 안 됐는지 서로 피드백을 주고받으며 다시 연습하기도 했다.

내가 도착했을 때는 이른 시간이었는지 사람들이 적었는데 시간이 늦어질수록 사람이 점점 늘어났다. 처음엔 방 하나만 활용해서 춤을 췄는데 어느새 옆 방에도 춤추는 사람들로 붐비고 있었다. 나이대는 20~30대로 젊어 보이는 사람이 대다수였고 가끔은 갓 성인이 된 것 같은 앳된 얼굴이 보이기도 했다. 학생이 아니라면 직장인일 텐데 이렇게 많은 사람이 평일에 춤추러 나와 있다는 건 원래는 더 많은 댄서가 있다는 의미일까?

한국에서는 평일과 주말 둘 다 춤출 수 있지만 수요일은 주말에 비해 사람이 매우 적은 편이다. 잦은 야근 혹은 다음 날 업무에 대한 부담감 때문에 오지 않는 사람들이 많기 때문이다. 미션 시티 스윙의 소셜 시간도 한국처럼 수요일이었고 심지어 시내에서 거리도 제법 있었는데 많은 사람이 개의치 않고 나와 있는 게 신기했다. 업무가 적은 걸까, 일에 대한 부담감이나 생각의 차이일까, 아니면 취미에 더 적극적인 사람이 많은 걸까.

어쩌면 그냥 춤에 관심이 있는 인구의 차이일지도 모른다. 샌프란시스코나 그 근처에 사는 사람 중에는 웨스트 코스트 스윙에 관심이 있는 사람이 한국보다 훨씬 많기 때문이다. 댄스 이벤트도 자주 열리는 덕분에 높은 레벨인 사람도 많고, 주변 사람들에게 계속 자극받게 되니 실력을 키우기도 수월한 편이다. 아마도 이런 점이 춤에 대한 열정을 계속해서 자극한 덕분에 많은 사람이 평일에도 나와서 춤추고 연습하는 것이리라.

결국 평일에 춤추러 가려면 필요한 것은 시간과 열정이다.

● 참고 영상 : Mission City Swing Social - Heejung Jung

일이 몰아쳐도 정신만 차리면
춤추러 갈 시간은 있다

　미국, 노스캐롤라이나(North Carolina)에 있는 롤리(Raleigh)로 출장을 간 적이 있었다. 보름 정도 되는 일정이지만 주말에는 일을 하지 않으니, 주말에는 자유시간을 가질 수 있었다.

　미국 동부는 한국에서 비행기로 최소 16시간, 환승해도 20시간이 걸리기에 큰맘 먹고 가야 했다. 그 때문에 같은 커뮤니티에 미국 서부까지는 춤추러 가도 동부까지 가 본 사람은 드물었다. 미국으로 유학을 간 사람이나 겨우 알까. 롤리를 아는 사람이 없어서 구글에서 검색했고, 다행히 웨스트 코스트 스윙 커뮤니티를 찾을 수 있었다. 소셜은 평일에 있었지만, 행운의 신이 도운 건지 일정 중 주말에 일일 워크숍이 예정되어 있었다. 나를 위한 일정인가 싶어 미리 커뮤니티 운영자에게 연락을 해두었다.

　아쉽게도 중요한 문제가 해결되지 않아 출장 기간 내내 아침부터 자정까지 계속 일해야 했고 평일에 있는 소셜에는 갈 수 없었다. 게다가 주말에는 시차 덕분에 미국 시간과 한국 시간으로 평일에는 일해야 해서 토요일 늦은 오후부터 저녁까지도 일했다. 다행히 워크숍은 업무 시간 전에 열려서, 일어나자마자 워크숍을 듣고 일이 끝나는 대로 춤추러 갈 수 있었다.

워크숍이 열리는 곳은 상가들만 있는 건물 1층이었다. 한국과는 다르게 건물이 단층이었고 모든 가게가 큼직해서 지도를 보고 찾아가는 데에도 시간이 한참 걸렸다. 댄스 스튜디오의 이름을 찾으며 건물을 한 바퀴 돌았지만 이름이 작게 표시되어 있고 예상하지 못한 위치에 있어서 한참 헤맸다. 마침 미국은 폭염으로 뉴스에 나오던 시기라 우버에서 내려서 돌아다니는 잠깐 사이 땀범벅이 되었다.

워크숍에는 신기하게도 머리가 희끗희끗한 어르신들이 제법 많았다. 한국에도 나이가 있는 분들이 제법 있긴 하지만 할아버지 할머니라고 할 정도의 나이대는 아니다. 동양인과 서양인의 차이 때문에 나이가 들어 보이나 싶었지만 차마 직접 나이를 물어보진 못했다. 나중에 페이스북 친구가 된 뒤 알았지만, 손주가 있는 사람이 많았다. 은퇴할 때가 되어 배우자와 함께 춤을 배우러 온 사람도 있었고 이미 미국의 댄스 업계에서 오랫동안 활약한 사람도 있었다.

워크숍이 끝나고 동네에서 수업을 듣는 사람들은 따로 연습하거나 식사하는 시간을 가졌다. 나도 따라가고 싶었지만, 출장으로 나온 탓에 회사로 돌아가야 했다. 일을 마치고 다른 동료들이 호텔로 쉬러 갈 때 냉큼 옷을 갈아입고 소셜 장소로 향했다. 늦은 시간에 혼자 돌아다니기에는 위험해서 우버를 타고 이동했다.

워크숍 장소로 가는 길도 비슷했지만, 롤리에서 우버로 이동하는 길에는 높은 건물은 찾아볼 수 없었고 건물도 많지 않았다. 롤리의 소셜 장소는 로퍼 비치 클럽(Loafers Beach Club)이라는 곳이었다. 역시나 단층 건물이었고 주차장이 넓게 갖춰져 있어서 차로 오기에는 편할 것 같았다. 가게 중간에 춤출 수 있는 무대가 갖춰져 있다는 것을 제외하면 여느 바(bar)와 다를 바 없었다.

바텐더가 있는 바(bar)를 둘러 테이블이 있었고 무대를 둘러싸고 구경할 수 있는 테이블이 있어서 다 같이 둘러앉아 술 마시며 구경하기도 괜찮아 보였다. 술도 파는 곳이라 그런지 입구에서 신분증 검사도 했는데 미성년자는 술만 못 마시고 춤은 출 수 있는 건지 춤도 못 추고 돌아가야 하는 건지 모르겠다.

바(bar)의 분위기 때문인지, 나이 때문인지는 모르겠지만 춤출 공간이 넓었는데도 춤추는 사람 절반에 술 마시며 앉아서 대화하는 사람이 절반이었다. 춤추러 나갈 때도 바로 춤추자! 하고 냅다 춤추는 사람들보다는 가볍게 통성명하거나 안부를 나눈 뒤 춤추는 분위기였다.

소셜에는 워크숍을 들으면서 봤던 사람도 있었고 처음 본 사람도 많았다. 좋았던 것은 얼굴을 익힌 사람이거나 상관없이 먼저 춤을 권하고 말을 걸어 주는 사람이 많았다는 점이었다. 커뮤니티를 운영하는 Robin이 먼저 춤을 신청하며 반갑게 맞아주고, 다른 리더들도 춤을 신청해 주어서 어색하지 않게 어울릴 수 있었다.

새로운 얼굴이라며 어디서 왔는지, 무슨 일로 온 건지 물어보고는 근처의 다른 웨스트 코스트 스윙 커뮤니티에서 여는 소셜을 소개해 주기도 했다. 그렇게 특별한 얘기도 아니었는데 먼저 말을 걸어 주니 왠지 모를 따뜻한 기분이 들었다.

나의 소셜은 주로 춤에 집중되어 있어 대화할 시간도 없이 춤만 추는 시간이었는데, 롤리의 소셜 댄스는 정말 사교를 위한 시간 같았다. 춤추면서도 간단한 대화를 나누고, 앉아서도 대화를 나눴다. 춤을 신청하려다가도 이야기꽃이 피어있으면 한 곡 동안 못다 한 얘기를 하고 나서 춤추러 갔다.

고작 하루였지만 워크숍에 업무까지 하고 왔더니 소셜 시간을 더 갖고 싶어서 댄서들 대부분이 집에 갈 때까지 분위기를 즐겼다. 한국이었다면 춤을 더 추고 싶어도 막차 시간 때문에 일찍 집에 돌아갔겠지만, 어차피 우버를 타야 해서 여유를 부릴 수 있었다. 우버 비용이 춤추는 비용보다 비싸긴 했지만, 그 덕분에 춤출 시간을 벌 수 있었다.

이렇게 하루 동안 틈틈이 춤춘 시간은 쉬는 시간이 거의 없었던 출장 일정 중 얼마 안 되는 자유시간이었다. 달콤한 주말의 늦잠을 포기하고 워크숍을 들었고, 업무가 끝난 뒤에는 이미 캄캄한 저녁이었지만 용기를 내서 춤추러 갔다. 부족한 시간이나 피로도, 비용을 먼저 생각했다면 지레 포기했을지도 모르겠다. 하지만 롤리에서 춤추며 얻은 재미와 이전에는 모르던 댄서들을 알 수 있다는 것은 다른 것들과 바꿀 수 없는 경험이었다.

이제는 해외로 출장을 갈 일이 잘 없지만, 이때의 기억은 다시 해외를 가게 되면 꼭 소셜이 있는 곳을 찾아가야겠다는 생각이 들게 한다. 그리 춤을 많이 춘 것도 아니었는데 유독 기억에 남는 따뜻한 장소였다.

3장
첫 해외 댄스 이벤트

내가 처음 참가했던 해외 이벤트는 아시아 오픈(Asia WCS Open)이었다. 한국에서 열리는 이벤트와 가장 큰 차이점은 역시 언어다. 해외에서는 대부분 영어로 진행되기 때문에 언어의 장벽부터 느끼게 된다. 한국에서 이벤트를 할 때는 통역도 붙지만, 해외에서는 당연히 통역이 없다. 대신 한국에서는 보기 힘들던 해외 댄서와 춤추고 대화할 기회는 훨씬 많다. 영어를 잘 못하면 바디랭귀지로 대화해도 즐겁다.

아시아 웨스트 코스트 스윙 오픈(Asia WCS Open): 싱가포르에서 매해 4월에 개최하는 아시아에서 가장 큰 규모의 웨스트 코스트 스윙 이벤트. 보통 아시아 오픈이라고 줄여서 부른다.

댄서 중에 엔지니어와
선생님이 많은 이유

싱가포르에서 워크숍을 들을 때 인상적이었던 질문이 있었다.

"여기에 있는 사람들은 모두 춤을 추죠. 댄서 중 절반은 선생님 또는 엔지니어라는 걸 알고 있나요? 한번 확인해 볼까요? 자신의 직업이 엔지니어라면 손을 들어보세요"

나를 포함해서 1/3 정도 되는 인원이 손을 들었다.

"이제 자신의 직업이 선생님(Teacher)인 사람들은 손을 들어보세요"

1/5 정도 되는 인원이 손을 들었다.

선생님과 엔지니어라는 직업이 그렇게 흔하다고 생각하지는 않았는데 같이 워크숍을 듣는 사람 중에는 제법 많았다. 강사의 말로는 다른 곳에서 물어봐도 항상 엔지니어와 선생님이 많다고 한다.

댄서 중에 특정한 직업이 유독 많은 이유가 뭘까? 강사는 신기한 이야기로 분위기를 환기하며 수업을 시작했지만, 나는 그 이유가 궁금했다. 전체 직업군 중 선생님과 엔지니어의 비율이 이렇게 많은 걸까, 아니면 직업적인 특성이 춤과 잘 맞는 걸까.

공대를 졸업했다면 대부분의 관련된 직업은 무슨 공학자, 엔지니어라는 직업을 갖게 된다. 하지만 대학에서도 공대가 차지하는 비중이 1/3이 될 정도로 높지는 않다. 댄서 중에서 엔지니어가 많다는 것은 다른 이유가 있다는 의미다. 만약 이 질문을 미국에서 했던 거라면 지역적인 특성이라고 생각했을 것이다. 미국은 서부에 사는 댄서들이 가장 많고, 특히 캘리포니아에는 샌프란시스코 등의 지역에 기술 회사들이 몰려있어서 엔지니어가 많을 수 있다. 하지만 이곳은 싱가포르였고 아시아, 미국, 유럽, 전 세계 사람들이 모인 행사였다. 공통점은 그저 춤을 춘다는 것뿐이다.

내가 엔지니어이기에 생각해 본 직업적 특징은 문제(버그)가 생겼다면 끝까지 이를 해결하려고 노력하는 점이다. 웨스트 코스트 스윙의 리더는 처음 1년이 가장 어렵고 팔로워는 그 이후가 어렵다. 그 덕에 끝까지 추려면 이 힘든 기간 동안 흥미를 잃지 않고 꾸준히 배우고 연습하는 인내심이 필요하다. 엔지니어들이 많은 이유 중 하나는 일단 시작했다면 어떻게든 포기하지 않고 이어나가기 때문이 아닐까 싶다.

감정적으로 접근하는 게 아니라 분석적으로 접근해서 연구하는 특징도 도움이 될 수 있다. 처음에 춤을 잘 추지 못하더라도 이유를 분석해서 더 잘할 수 있도록 개선해 나가는 것이다. 감각적으로 추는 것이 아니라 음악을 들으며 머리로 음악의 구조를 분석하고 어떻게 출지 계산하며 추는 것. 계산하는 과정이 머리 아프고 재미없다고 생각할 수도 있지만, 그렇게 춘 춤이 음악에 딱 들어맞는 걸 보면 희열을 느낀다.

또 하나의 이유로 대부분의 엔지니어가 안정적인 직장생활을 하는 것을 꼽고 싶다. 춤추려면 우선 시간을 확보해야 하는데 일정한 시간에 퇴근하거나 업무 시간을 조절할 수 있어야 하기 때문이다. 게다가 해외에서 하는 이벤트를 가려면 시간과 돈이 필요하다. 직장인이라면 적어도 이틀은 연차를 쓸 수 있어야 하고, 비행기표와 호텔 숙박비, 이벤트비 등의 비용을 감당할 수 있어야 한다. 아마 이런 이유로 엔지니어가 춤추기 좋은 것이 않을까.

선생님의 경우는 어떤 점이 이유가 될지 고민해 봤다. 선생님이라는 직업은 어떤 것을 가르치는 것이 업으로, 학교 선생님 말고도 학원, 온라인 수업 또는 개인 수업 등을 통해 먹고사는 사람도 모두 포함한다. 춤을 오래 춘 사람 중에는 춤을 가르치는 사람도 있으니, 인원이 조금 더 늘어날 수 있다. 예전에 비해 사업이나 기술, 언어를 가르치며 돈을 버는 사람들이 늘어난 것도 영향이 있을 듯하다.

학교나 학원에서 가르치는 직업이라면 퇴근 시간이 일정할 것이고, 온라인 또는 개인적으로 가르치는 경우라면 업무시간을 조절할 수 있을 것이다. 학교 선생님이라면 방학도 있을 테니 다른 직업군에 비해 여행을 갈 시간도 충분하다.

내가 다른 사람을 가르쳐 본 적은 없기에 선생님의 어떤 성격이 춤과 맞는지는 모르겠다. 예상컨대 가르치는 직업 역시 인내심이 필요하지 않을까. 쉽게 이해하지 못하는 학생에게도 잘 풀어서 설명할 수 있는 인내심 말이다. 그렇다면 춤을 배우며 스스로를 가르치고 채찍질하는 것도 인내심을 갖고 잘할 수 있을 것이다.

선생님과 엔지니어라는 직업의 특징을 생각했을 때 춤과 잘 맞는 부분은 시간, 돈, 그리고 인내심인 것 같다. 어쩌면 많은 사람의 직업이라 댄서 중에도 많은 직업일 수 있다.

주변에 춤추는 사람들에게 직업을 물어봤을 때 엔지니어나 교사라는 답을 들을 확률이 절반쯤 된다는 사실은 다들 알고 있지만, 이유는 정확히 모른다. 그저 나처럼 그렇겠거니 추측할 뿐이다. 춤의 조건은 그저 춤을 즐길 수 있고 오래 출 수 있다면 된다. 선생님과 엔지니어처럼 인내심과 시간과 돈이 있다면 도움이 될 수 있다. 다른 직업 중에도 인내심과 분석력, 시간과 금전적 여유가 있다면 비슷한 조건일 것이다.

춤을 잘 춘다는 것

춤을 잘 춘다는 것의 기준은 뭘까? A와 B 중 누가 더 잘 추는지 평가했을 때, 각자의 평가 기준이나 취향에 따라 다른 결과가 나올 것이다. 춤에는 정답이 없고 틀린 춤도 없기 때문이다. 춤은 그저 박자에 맞추거나 흥에 겨워 몸을 움직이는 동작이다.

하지만 음악에 더 어울리는 춤은 있다. 보기 좋은 춤과 자연스러운 춤은 주관적일 수 있지만, 위태로운 동작은 쉽게 알아차릴 수 있다. 그러니 전체적인 춤을 보고 누가 더 잘 춘다고 평가하기는 어렵지만, 스텝이나 몸의 균형 등 한 부분을 콕 집어서 비교하는 것은 가능하다. 음악의 박자에 맞게 추는지, 파트너와의 합은 맞는지 역시 평가할 수 있는 항목이다.

웨스트 코스트 스윙에는 이렇게 세부적인 것들을 평가하는 시스템이 있다. WSDC(World Swing Dance Counci)라는 세계 협회에서 지정한 방식으로 이벤트와 레벨에 대한 규칙이 정해져 있고 등록된 대회에서 댄서들이 얻은 점수들도 모두 기록하여 레벨

Skill Level[†]	WSDC Category Definitions	Allowed (Dancers are given the *option* to move to the next skill level)	Required (Dancers are *required* to move to the next skill level)
Champion	Champions is defined by the event for their highest skill level dancers; however, Events must follow rule 3.2 #10 for all WSDC Champion J&Js.	Champion	
All Star	All Stars should be extremely competitive.	**Allowed** to move up with 150 All Star points (no time limit) / All Star	
Advanced	Advanced should be very competitive.	**Allowed** to move up with **60** Adv points (no time limit)[‡] / Advanced	**Required** to move up with **90** Adv points (no time limit) or 1+ All Star point[‡]
Intermediate	Intermediate dancers are perfecting their competitive dance skills.	**Allowed** to move up with 30+ Intermediate points / Intermediate	**Required** to move up with 45+ Intermediate points or 1+ Advanced point
Novice	Novice dancers demonstrate basic dance skills.	**Allowed** to move up with 16+ Novice points / Novice	**Required** to move up with 30+ Novice points or 1+ Intermediate point
Newcomer[§]	Newcomers are dancers who are new to competition.	**Allowed** to move up at the dancer's discretion / Newcomer	**Required** to move up with 1+ Newcomer point or 1+ Novice point

로 표시하고 있다.

처음 시작하면 뉴커머(Newcomer)혹은 노비스(Novice)라는 초보자 레벨에서 시작한다. 게임을 시작했을 때 튜토리얼부터 시작하거나 튜토리얼을 스킵하고 레벨 1부터 시작하는 것과 비슷하다. 그리고 노비스 레벨에서 16점을 따면 다음 레벨인 인터(Intermediate)로, 인터에서 30점을 따면 어드(Advanced)로, 어드에서 60점을 따면 올스타(All-Star)로 레벨이 올라간다. 춤 경험치를 쌓아야 다음 레벨로 넘어갈 수 있어서 마치 게임에서 캐릭터를 키우듯이 내 춤 경험치를 쌓고 레벨 업을 해야 할 것 같았다.

웨스트 코스트 스윙의 레벨 시스템은 다른 댄서들과 비교해서 누가 더 잘하는지를 보고 등수를 매긴다. 그리고 대회에서 몇 명 중 몇 등을 하느냐에 따라 얻을 수 있는 점수가 달라진다.

1등은 3점, 2등은 2점, 3등은 1점, 그 이하는 0점.

참가자가 5명에서 10명 정도라면 이런 식으로 점수를 받게 된다. 참가자가 늘어날수록 더 높은 점수를 받을 수 있고, 몇 등까지 점수를 받을 수 있는지도 달라진다. 만약 130명 중에서 1등을 했다면 25점을 받을 수 있다. 경쟁이 치열한 만큼 이겼을 때 얻는 결과도 달콤하다. 여기에서도 하이 리스크 하이 리턴을 체감할 수 있다.

대회에서 파트너는 임의로 정해지며 음악도 마찬가지다. 모두가 똑같이 무작위로 정해진 상황에서 즉흥적으로 추는 춤을 얼마나 잘 추는지를 평가하는 것이다. 레벨에 따라 심사 기준은 조금씩 차이가 있지만 보통 기본기를 잘 갖추었는지, 박자는 잘 맞추는지, 음악에 잘 맞춰서 추는지 등을 평가한다. 기준에 맞게 잘 춘다면 경쟁자들보다 상대적으로 높은 점수를 받을 수 있다.

내가 대회에 처음 참가했을 때는 모든 게 무작위로 정해지는 시스템이 불공평하다고 생각했다. 아무리 운도 실력이라지만 대회에 나갈 때마다 파트너나 음악 운이 좋지 않다면 낙담할 수밖에 없다. 앞서 이 단계를 거쳐 간 사람 중에는 운도 극복할 수 있는 실력을 갖추면 된다고 말하는 사람도 있지만, 그전에 지쳐 포기하는 사람들도 있었다.

처음에는 춤추는 것 자체를 즐기던 사람도 레벨 시스템을 알게 되면서는 다른 사람들과 비교하고 경쟁하게 된다. 나도 그랬다. 재미를 찾아 취미로 시작했던 춤에서 어떻게든 점수를 따야겠다고 생각하고 레벨 업에 집착했다. 내가 A보다 잘 춘다고 생각하는데 그 사람보다 점수나 레벨이 낮으면 억울해서 기를 쓰고 점수를 얻으려 하는 것이다. 너무 점수에만 목을 매다가 춤 자체가 재미없어지는 일도 생겼다. 춤이 재미있어서 더 잘 추려고 시작했는데 점수만 신경 쓰다가 주객이 전도된 상황이었다.

싱가포르에서 이벤트가 열렸을 때, 초보자였으니 노비스 레벨로 대회에 나갔다. 그리고 예선도 통과하지 못했는데, 충격적이었던 것은 한 명의 심사위원도 나에게 점수를 주지 않았다는 것이다.[8] 그런데 A는 점수를 받았고 예선도 통과한 것을 보고 큰 충격을 받았다.

'대체 내가 저 사람보다 뭐가 모자라서 떨어지고 저 사람은 왜 붙는 거지?'

속을 끓이다가 답답해서 주변 사람에게 물어봤다. 괜히 속 좁아 보이고 싶지는 않아서 시스템을 탓했다.

"춤만 재밌게 추면 됐지 춤에 레벨은 왜 있는 거예요?"

"더 잘 추려고 만들어진 규칙이야."

"더 잘 추는데 꼭 다른 사람이랑 비교해야 해요?"

"비교하기 위해서라기보다는… 누구와 춰도 얼마나 잘 출 수 있

---

8) 예선에서는 심사위원들이 Pass(1점)/Fail(0점)로 평가해서 Pass를 많이 받은 사람 순서대로 통과한다.

느냐를 보는 거지. 대회 방식이 파트너 랜덤, 음악도 랜덤이잖아?"

"그게 특히 더 운에 따른 것 같아요. 항상 못 추는 파트너만 만나면 대회도 항상 떨어지잖아요."

"그런 면이 없진 않지. 그래서 못하는 사람이나 잘 추는 사람 상관없이 누구랑 춰도 잘 출 수 있는 사람이 레벨이 높은 거기도 해. 이제 막 시작한 사람이나 초보자는 잘 추는 사람이랑 춰야 잘 추는데, 올스타나 챔피언들은 초보자랑 춰도 잘 추고 상대방이 잘 추게 해주거든."

평소에 어떤 음악에도 춤출 수 있고 모두가 파트너라고 여겼지만 어떻게 춰야 하는지, 어떤 댄서가 되고 싶은지에 대해서는 생각해 본 적이 없었다. 상대방도 잘 추게 해주고, 상대방을 이해하면서 함께 추는 것. 파트너에게 맞춰서 춘다고 내 수준이 떨어지는 게 아니라 상대가 잘 출 수 있도록 이끌어 주는 사람이 잘 추는 게 아닐까?

레벨 시스템을 욕하기만 하다가 새로운 관점으로 보니 춤추는 목적이 달라졌다. 잘 추는 건 아직도 어렵고 막막하지만, 파트너를 이해하는 것부터 시작하는 건 할 수 있을 것 같았다. 대회의 목적이 누구와도 잘 추기 위함이라면 대회의 기준에 맞춰 춤을 더 잘 추기 위해 노력할수록 누구와도 잘 추게 되지 않을까.

다른 사람의 춤을
평가하는 사람

대회의 심사위원은 저지(Judge)라고 부른다. 기준에 따라 사람들의 춤을 평가하는 역할로 프로 댄서들도 부담스러워하는 일이다. 심사위원을 맡으면 평가 결과에 대해 비난을 들을까 걱정이 앞서기 때문이다. 실제로 왜 나한테 점수를 주지 않았냐고 하거나, 내가 저 사람보다 뭐가 부족하냐며 찾아오는 사람도 있다. 그래서 심사위원들은 공정하고 전문가다운 모습을 보이기 위해 정장이나 드레스를 차려입고 평가할 때도 표정을 드러내지 않으려고 애쓴다. 춤을 추는 사람들이 심사위원의 표정에 영향을 받을수 있기 때문이다.

남을 평가하는 것은 사람들에게 많은 영향을 주고, 비난받기 쉬운 역할이다. 한 번이라도 심사위원을 해봤거나, 비난을 받은 사람은 남을 평가하는 일이 쉽지 않다는 것을 안다. 대회에서뿐 아니라 평소에도 마찬가지다.

반면에 그저 즐거워지려고 춤출 때도 아무렇지 않게 다른 사람의 춤을 평가하는 사람들도 있다. 자신이 쉽게 내뱉은 말이 다른 사람에게 어떻게 영향을 주는지 생각하지 않는 사람이다. 상대방이 내 춤이 어떠냐고 평가해달라고 물어본 게 아닌데도 갑자기 "너는 너무 빨라.", "너는 이런 걸 고쳐야 해.", "이건 이렇게 하면 안 되지."라고 말한다. (다만 내 춤 때문에 상대방이 아팠을 때, 상대방이 이 상황을 알려주는 경우는 지적보다는 피드백에 가깝다. 이것도 지적이라고 무시하면 다음부터는 그 상대방과 춤을 추지 못할 수도 있으니 참고가 필요하다.)

잘 추는 사람에게 이렇게 말하는 사람은 없다. 나보다 못 춘다고 무시하며 말하는 사람은 인성이 좋지 않은 거지만, 그보다는 친한 사람이라서, 잘 됐으면 좋겠다는 생각으로 쉽게 말하는 사람들이 대다수다. 하지만 받아들이는 사람의 입장은 생각하지 않았다는 게 가장 큰 문제다. 어느 기준에 맞춰 춤출 생각이 없는 사람, 그냥 재미있게 추고 싶은 사람에게도 자신만의 기준으로 평가의 잣대를 들이미는 것이다.

지금은 이런 평가를 들어도 못 들은 척, 안 들리는 척 흘려들으려고 애쓴다. 불필요한 참견으로 기분이 나쁜 것은 물론이고, 납득할 수 없는 심사위원의 평가로는 내 춤을 개선할 의지가 생기지 않기 때문이다. 내가 집중하는 부분은 다른 부분이었는데, 그 부분에 집중하느라 놓친 걸 알려주면서 이걸 먼저 고치라고 하면 '내가 왜 그래야 하지?'라는 반발심이 생긴다.

특히나 나와 파트너로 춤을 춘 사람이 지적했다면 반발심은 더

더욱 크다. 나와 같은 역할이 아니기 때문에 이해할 수 있는 범위도 좁다고 생각하기 때문이다. 다른 직업이 어떤 일을 하는지 말로만 듣고 표면적으로만 이해하는 것과 비슷하다. 내 역할에 대해 잘 이해하고 있는 게 아니니 조언으로 위장한 평가를 들어도 당연히 와닿지 않는다.

춤을 더 잘 추고 싶다면 그런 평가보다는, 좋아하는 사람이나 존경하는 사람을 멘토로 삼고 물어보는 게 낫다. 괜히 프로들한테 1:1 수업을 신청하고, 내가 뭘 잘못했는지 알려달라거나 내 잘못된 습관을 고쳐보겠다고 크리틱(Critic)[9] 같은 수업을 들으러 달려가는 게 아니다. 만약 내가 춤을 개선하려는 생각이 있었으면 먼저 물어봤을 것이다.

다른 사람의 지적을 다시 듣고 싶지 않다면 나는 너한테 평가받으려고 추는 게 아니라 그냥 같이 즐기고 싶은 거라고 말해야 한다. 이렇게 솔직하게 말하지 않으면 나를 한번 평가한 사람은 그렇게 말해도 되는 줄 알고 계속하기 때문이다.

저지(Judge)는 춤에만 국한된 것은 아니다. 미국 드라마를 보다 보면 상대에게 "Don't Judge Me"라고 말한다. 예를 들어, 내가 뭔가를 샀다고 가정해 보자. 누군가는 왜 쓸데없는 데에 돈을 쓰냐며 타박하며 나를 낭비하는 사람이라고 단정 지을지도 모른다. 그게 나에게는 필요하거나 행복을 위해 산 것일 수 있는데 다른

---

9) 크리틱(Critic) : 수업 방식의 하나로, 자신이 춤추는 것을 보여주고 그 춤에서 고쳐야 할 부분이나 잘못된 습관 등을 지적받고 고치는 방식이다.

사람에게는 낭비로만 보이는 것이다. 그럴 때 너의 기준으로 함부로 나를 재단하지 말라고 말해서 다른 사람이 함부로 나에 대해 평가하는 것을 방어하는 것이다.

춤에서의 평가는 업무에서 주고받는 피드백과도 비슷한 면이 있다. 회사의 리더십 교육에서 발전에 도움이 되는 피드백을 어떻게 하면 서로 잘 주고, 잘 받을 수 있는지에 대해 들은 적이 있었다. 여기서 가장 강조했던 부분은 '피드백을 받을 사람이 준비가 되어있어야 한다'는 것이었다. 상사와 부하직원의 관계에서도 부하직원이 어떤 부분에 대한 피드백을 요청한 상황이 아니라면 함부로 피드백하지 말라고 한다. 발전을 위한 피드백이 아니라 비난으로 받아들일 수 있기 때문이다.

이렇게 생각해 보면 춤을 추다 갑작스레 듣게 되는 평가는 주는 사람에게는 피드백이었지만, 듣는 사람에게는 비난이 아니었을까.

즉흥으로
어디까지 출 수 있을까?

아시아 오픈[10]에서 가장 재미있던 행사 중 하나는 챔피언들의 춤을 구경하는 것이었다. 잘 추는 사람들의 춤은 보기만 해도 감탄이 절로 나와 넋을 놓고 바라보게 된다. 이벤트에서는 챔피언들끼리 대회를 진행해서 대놓고 구경하는 시간이 있다. 가장 춤을 잘 추는 사람들인 만큼, 대회를 위해 DJ가 준비한 음악은 다른 레벨의 댄서들을 위한 음악과는 달랐다. 평소에 자주 추는 음악은 팝송인데, 대회를 위해 준비한 음악은 애니메이션이나 영화에 나오는 뮤지컬 음악이었다.

웨스트 코스트 스윙은 이론상으로는 어느 박자에도 춤출 수 있다. 너무 느리거나 너무 빠른 음악에도 출 수 있지만 조금 힘들 뿐이다. 소셜 댄스 때는 DJ에 따라 한 번씩 새로운 음악이 나오면 아이스크림 맛보기 하듯 한 곡 정도는 춘다. 그 음악이 춤추기 적절하거나 맘에 들면 나중에 DJ를 찾아가서 무슨 음악이었는지 물

10) 싱가포르의 웨스트 코스트 스윙 이벤트. 해마다 4월 중순에 열린다.

어보기도 한다.

문제는 듣기는 좋은데 춤추기에는 어려운 음악이다. 가사를 알 긴 하지만 춤으로 표현하기가 어려운 음악도 있고 표현할 수 있는 부분이 너무 많은 음악도 있다. 아시아 오픈은 매해 챔피언들의 대회에서는 일부러 독특한 장르의 음악을 준비한다.

내가 봤던 챔피언 잭앤질(Jack & Jill)[11]에서는 두 곡 중 한 곡이 뮤지컬 음악이었다. 사람들에게 이런 음악에는 어떻게 웨스트 코스트 스윙을 출 수 있는지 보여주기 위해 음악을 선정한 것이다.

뮤지컬 음악은 고전 영화나 유명한 애니메이션 등에서 나오기에 많은 사람이 줄거리와 음악을 기억한다. 게다가 관중들이 모두 댄서들이라 음악의 포인트나 가사도 알고 있기 때문에 더 잘 춰야 한다는 부담이 있다. 그래서인지 모르는 음악이 나올 때는 챔피언도 처음 듣는 음악이라거나 자신 없는 표정이 앞섰다. 하지만 챔피언들은 막상 시작하면 하나같이 대회를 멋있는 무대로 승화시켰다.

가장 처음은 John과 Ani의 무대였고, 음악은 뮤지컬〈그리스 (Grease)〉의 〈Summer Night〉[12]이었다. 이 음악은 남자 주인공과 여자 주인공이 각자의 여름방학에 대해 친구들에게 이야기하고 친구들이 "그래서 어땠는데? 더 말해줘"하고 독촉하면 이어 경험담과 함께 느낌을 말한다.

---

11) 잭앤질은 무작위로 파트너를 뽑고 임의의 음악에 춰서 얼마나 잘 추는지를 평가하는 대회 방식이다.

12) 뮤지컬〈그리스(Grease)〉의 대표곡. 그리스는 1971년에 브로드웨이에서 초연한 뮤지컬로, 1980년에 뮤지컬 영화로 제작되었다.

영화로 볼 때는 남자 주인공과 여자 주인공이 같은 경험을 하고 다르게 묘사하는 부분에 시선이 갔었다. 춤에서는 춤추는 사람들이 주인공이니 당연히 주인공에게 시선이 갈 거로 생각했다. 그런데 무대 뒤에서 차례를 기다리며 음악을 즐기는 챔피언들에게 점점 시선이 가기 시작했다. 음악이 신나서인지 관객이 되어 박자를 타며 다 같이 몸을 좌우로 움직이는 모습이 너무 귀여웠다.

그 뒤로 이어진 가사는 친구들이 더 들려달라고 말한 부분이다. 이 부분에서 댄서 둘이 음악에 맞게 앉아있는 챔피언들을 손으로 가리키자마자 자리에서 벌떡 일어났다. 그러고는 챔피언들은 친구들이 된 것처럼 더 말해달라는 듯 손을 까딱이며 몸을 기울여 흥미진진하게 이야기를 들었다. 준비한 것처럼 나오는 동작에 시선을 빼앗길 수밖에 없었다. 춤추는 두 사람만 음악을 표현한 것이 아니라 뒤에 서 있던 사람들 모두가 참여한 무대 같았다. 처음엔 짜고 치는 것 아닌가 했지만, 나중에 영상을 찾아보니 음악을 들으며 눈치껏 참여한 것이었다.

뒤이어 춤춘 챔피언 중 가장 음악을 잘 표현해서 기억에 남는 커플이 있었다. 영화〈사운드 오브 뮤직(The sound of music)〉에 나오는 〈도레미 송(DoReMi)〉에 춘 Brad와 Alyssa였다. 도레미 송은 도레미파솔라시에 해당하는 단어와 음계를 엮어서 도레미를 설명한다. 어릴 때 음악 수업 시간에는 빼먹지 않고 나와 전 세계적으로도 모르는 사람이 없다. 영화에서는 선생님이 도레미를 가르치기 위해 말로 설명하는 것으로 시작했는데 춤으로는 처음부터 몸으로 표현했다.

미(Mi)에 뛰며 자기 자신(Me)을 가리키고, 파(Fa)는 멀다(Far)와 발음이 비슷해서 무대를 가로지르며 뛰었고, 시(Ti)는 티(Tea)와 발음이 비슷해서 마시는 동작을 취했다. 몸으로 가사를 표현하는 것 외에도 '도', '레', '미'와 같은 부분에서는 제자리에서 뛰거나 관객을 가리키며 포인트를 강조했다. 대부분의 음계를 몸으로 말해요 같은 느낌으로 설명한 덕분에 이제 〈도레미 송〉을 들으면 이 춤이 먼저 떠오른다.

챔피언 잭앤질의 하이라이트는 마지막에 춘 Diego와 Tze였다. 보통 남녀 댄서인 커플들과는 다르게 둘 다 남자였는데 뮤지컬 음악 전인 첫 번째 음악을 시작할 때부터 심상치 않았다.

왜 이렇게 추게 되었는지부터 알아야 전체적인 맥락을 이해할 수 있을 것 같다. 전날 치러진 대회에서 인상적인 춤을 춘 커플이 있었다. 리더가 양손을 모아들고 있을 때 Dalena라는 팔로워가 그 주변을 요염하게 돌며 섹시한 자세를 취했다. 리더가 뜬금없는 동작을 했음에도 팔로워가 알아서 이해하고 표현한 모습에 창의적이라는 생각이 들었다.

춤이 끝난 이후 다른 사람들도 비슷하게 생각했는지 진행자가 이 동작을 다시 언급했고, 다음 순서로 나오는 커플이 비슷한 시도를 하기도 했다. 춤추다 한 명이 두 손을 모아 번쩍 들고 서 있으면 다른 파트너가 그 주위를 돌며 음악에 어울리는 춤을 춰야 했기에 창의력을 시험하는 듯했다. 스윙 댄스에서 쉽게 나오기

어려운 동작이었는데도 당황하지 않고 이어지는 음악에 춤을 잘 살려서 기억에 남았다.

이를 기억한 Diego는 Dalena의 영혼을 뽑아 Tze에게 이식하는 퍼포먼스로 첫 번째 음악을 시작했다. 게다가 Dalena의 옷까지 Tze에게 입혔다. 그리고 음악이 시작되기도 전에 의자를 가져와서 양손을 모아들고 가만히 앉았다. 그 모습에 어제의 Dalena의 춤이 연상되어 Tze가 어떤 어떤 섹시한 동작을 할지 기대됐다.

여자 옷을 입은 Tze는 '이렇게까지 해야 하나'하는 생각에 고민이 많은 표정이었지만 음악이 시작되자 Diego를 당황하게 할 정도로 요염한 춤을 보여줬다. Diego의 뒤에서 허리를 잡으며 쓸어내리는 동작으로 Diego가 겁을 먹을 정도였다. 이 춤을 지켜보던 다른 챔피언들은 급기야 너희가 다 해 먹으라는 듯 돈을 던졌고, Diego는 바닥에 떨어진 돈을 주워 주머니에 넣는 퍼포먼스로 깨알 같은 웃음을 주기도 했다. 그 누구보다 진지한 얼굴로 섹시한 춤을 선보였지만 다른 어느 춤보다 웃음소리를 많이 들을 수 있었다.

두 번째 음악은 영화 〈위대한 쇼맨(The Greatest Showman)〉의 〈This is me〉였다. 이 음악은 기승전결이 있는데, 'This is me'를 외치는 부분이 가장 인상적이다. 영화에서 이 음악은 다른 사람들과 다르다는 이유로 천대받는 서커스의 직원들이 "그래도 이게 나야"라고 하며 스스로를 인정하는 곡이다.

이 가사는 중간 정도에 나오는데 이 가사가 처음 나오는 순간 Diego가 파트너의 옷을 찢었고[13], 뒤에 앉아있던 모든 챔피언이 갑자기 의자 위로 일어나서 겉옷을 벗고 함께 춤을 추기 시작했다. 이 부분은 순발력이 아니라 모든 챔피언이 미리 무대를 준비한 것 같았다. 뮤지컬의 주인공이 된 것처럼 모두 같은 동작을 보여줬기 때문이다. 리더 한 명은 복근이 그려진 티셔츠를 미리 안에 입고 와서 진짜 근육인 것처럼 자랑하기도 했다.

분명 대회로 시작했지만, 마지막은 공연처럼 끝나서 어디서부터 어디까지 즉흥이고 어디를 준비한 건지 알기 어려웠다. 전부 다 미리 준비했다고 해도 믿을 수 있을 만큼 신나고 감탄이 끊이지 않는 무대였기 때문이다.

아시아 오픈에서는 해마다 발레, 디즈니, 뮤지컬 음악 등 독특한 콘셉트의 음악을 준비해서 챔피언들이 추게 한다. 놀랍게도 잘

---

13) Diego는 전년도 아시아 오픈 때는 디즈니 영화 타잔의 주제가 〈You'll Be In My Heart〉에 타잔처럼 춤추며 자기 옷을 찢었다. 그리고 이번에는 파트너의 옷도 찢었는데, 영상을 돌려보니 파트너의 옷 목 부분이 살짝 잘려있었다. 즉흥적으로 이미 옷을 찢는 퍼포먼스를 했었기 때문에 다시 한번 준비한 것 같다.

추는 사람들은 이런 독특한 음악에 처음 추더라도 음악의 특징을 살리는 것은 물론, 매해 발전한다는 점이다. 운동으로 근육을 키워 기술을 개선하거나, 예전의 경험을 밑바탕으로 삼거나, 누군가 춤추면서 한 멋진 표현을 사용해서 더 좋은 표현으로 만드는 것이다. 전날 즉흥적으로 췄던 Dalena의 동작을 다음 날 잭앤질에서 다른 프로들이 활용하거나, Diego가 옷을 찢는 퍼포먼스를 전년도에 이어서 한 것처럼 말이다.

이처럼 이전에 했던 특별한 동작을 기억한다면 같은 기억을 공유하는 사람과 춤출 때, 그 동작에 조그만 차이만 더해도 달라진 느낌이 든다. 워크숍에서 배운 동작도 마찬가지다. 다른 사람이 시도한 동작도 괜찮아 보이면 연습하면서 내 것으로 익히려는 시도도 자주 한다. 그뿐 아니라 아예 새로운 동작을 시도하기도 하고, 다른 춤을 배워서 접목하기도 한다.

모두가 함께 다양한 동작을 추가하고 조금 더 잘 추는 방법을 연구하고 있기에 춤 자체가 발전하고 유행도 생긴다. 각자의 취향이 다르기에 같은 방향으로만 흘러가지는 않지만, 다양한 취향이 부딪히고 섞이며 새로운 길로 가고 있다.

●참고 영상 : Asia WCS Open 2018 Invitational J&J – Asia Open

몇 명까지
같이 춤출 수 있을까?

웨스트 코스트 스윙은 파트너 댄스이지만 꼭 두 명만 함께 추지는 않는다. 여러 명이 함께 추는 방법도 한둘이 아니다. 그중에서도 싱가포르에서 기억에 남는 것은 대회 행사 중 하나로 네 명이 함께 추는 행사였다.

마지막 날 이벤트가 모두 끝난 뒤에 재미로 하는 행사로 이름은 포-펀-스트릭틀리(4-Fun Strictly)이다. 스트릭틀리(Strictly)이기에 파트너들을 미리 정해서 4명이 함께 추는 것으로 이름에 Fun이 포함되어 재미있게 추면 된다는 것을 짐작해 볼 수 있다. 아시아 오픈은 전 세계에서 사람들이 오는 만큼 친목을 도모하라는 주최 측의 목적도 있었다.

이 행사에 참여하기 위한 조건은 국적과 레벨 두 가지였다. 최소 세 명의 국적이 달라야 하고, 초보자인 뉴커머(Newcomer) 레벨이 반드시 한 명 이상 있어야 하며 올스타(All-star) 이상의 레벨은 최대 한 명만 있어야 했다. 팀 인원은 3명 또는 4명을 모아야 하는데 다양한 국적과 레벨이라는 조건이 제법 까다로웠다. 게다가 이 조건은 행사를 시작하기 30분 전에 발표했다. 팀원을 30분 안에 모두 찾아야 한다는 것이다.

나는 같이 온 한국 사람들과 어울리느라 상대적으로 다른 나라 사람들과 얘기할 시간은 많지 않았다. 친해진 싱가포르와 말레이시아 친구들이 있긴 했지만 먼저 나서서 대회를 같이 나가자고 하기는 어려웠다. 어떻게 하면 4명이 함께 출 수 있을지 상상도 되지 않아서 우선 지켜보기로 했다.

여러 명이 함께 추는 춤은 기차놀이처럼 줄을 서거나 강강술래처럼 모두가 둥글게 손을 잡고 추는 것은 아니었다. 꼭 손을 잡는 게 아니라 등이나 팔, 다리 등 몸 한 부분으로 연결되어 있어도 되었고 간혹 떨어져도 다시 붙으면 괜찮았다. 리더와 팔로워가 동일하게 둘씩 있는 팀이 대부분이었는데 가끔은 리딩과 팔로잉을 둘 다 할 수 있는 사람도 섞여 있었다. 둘씩 나뉘어서 추다가도 다시 네 명이 되기도 하고 세 명이 출 때 한 명이 독특한 방법으로 연결되도 했다.

여러 명이 함께 출 때는 다른 사람의 리딩 또는 팔로잉을 가로채며 스틸링[14]을 하며 추는 게 보통이지만 이 대회에서는 조금 달랐다. 너무 많은 사람이 한 번에 추다 보니 자연스럽게 가져가기보다, 춤추다 꼬이면 손을 놓고 어떻게든 다시 연결되어서 함

---

14) 스틸링(Stealing) : 두 사람이 춤추는 사이에 자연스럽게 끼어들어 대신 춤을 추는 방법이다. 리더는 다른 리더의 역할을 빼앗고 팔로워는 다른 팔로워의 역할을 빼앗는다.

께 춤추려고 애쓰는 느낌에 가까웠다.

리더 한 명이 팔로워 두 명과 함께 출 때면 동시에 두 사람을 이끄는 동작을 해야 하는데 잘못하면 팔로워들끼리 부딪히거나 팔이 꼬이곤 했다. 처음부터 리딩을 잘하는 경우보다, 잘 못할 것 같은 상황에서는 리더가 손을 놓거나 팔로워가 다른 방향으로 피하는 방식으로 위기를 회피하는 경우가 많았다.

리더의 양손을 두 사람이 각각 잡고, 남은 한 명은 어깨나 허리를 잡는 식으로 연결되는 게 가장 쉬웠지만 네 명이 함께하다 보니 기상천외한 방법들이 등장했다. 두 명이 잠시 팔을 들면 다른 사람이 그 사이로 지나가는 건 쉬운 축에 속했다. 다리 사이로 지나가거나 총알을 피하는 것처럼 누웠다가 일어나기도 하고 심지어는 양손과 함께 한 발로 리딩을 하는 것도 볼 수 있었다.

그 와중에 포인트가 되는 부분에서는 갑자기 손을 놓고 광란의 춤을 춘다거나, 다 같이 멈추면서 음악을 듣는 것도 보여줬다. 어떻게 이렇게 많은 사람이 한 번에 같은 동작을 하는지 신기할 정도였다. 그 덕에 엉망인 듯 이어지는 춤을 지켜보는 관객석에서는 웃음소리가 끊이지 않았고, 웃다 못해 바닥을 구르고 흐느끼는 소리도 들을 수 있었다.

예선과 준결승은 처음 팀을 짠 대로 4명이 진행했지만, 결승에서는 두 팀씩 합쳐서 8명이 한 팀이 되어 대회를 진행했다. 결승에서 우승 두 팀이 겨뤄 승자를 뽑은 뒤에는 다 같이 춤추는 게 재미있었다며 결승전을 치른 모두가 함께 춤을 췄다. 무려 16명

이 함께 춤을 춘 것이다. 4명이 추는 것도 신기했는데, 8명, 16명은 더 신기했다.

평소 두 명만이 추던 웨스트 코스트 스윙을 4명 이상이 추니 꼬인 실타래를 풀었다 묶는 것 같았다. 인원이 많은 만큼 실수도 잦긴 했지만, 오히려 너무 자주 꼬이며 손을 놓다 보니 실수처럼 보이지 않았다. 그 와중에 일반적인 춤의 모양새가 보이는 게 더 놀라웠다. 춤을 추는 사람들은 훨씬 더 재미있었는지 미소진 얼굴과 함께 웃음소리도 끊이지 않았다.

주최 측에서는 그저 이벤트에 참여한 사람들이 국적과 레벨에 상관없이 친해지기를 바라며 개최한 거라고 했는데 이렇게 사람들이 미친 듯이 놀 줄은 몰랐다며 감탄할 정도였다.

이 행사 덕분에 파트너 댄스는 꼭 두 명만이 춰야 한다는 편견이 깨졌다. 16명은 다 같이 춤추기는 인원이 너무 많지만 이렇게까지 가능할 수 있다는 것이 신선했다. 다른 이벤트나 영상에서도 이렇게까지 많은 인원이 함께 춤을 춘 것은 본 적이 없다. 웨스트 코스트 스윙에 기네스북이 있다면 16명이 함께 출 수 있는 춤으로 기록되었을 것이다.

● 참고 영상 : 16명이 함께 춘 웨스트 코스트 스윙

파트너의 중요성

웨스트 코스트 스윙을 추면서 소셜 댄스나 잭앤질만 참여한다면 고정 파트너가 필요한 상황은 거의 없다. 하지만 공연을 준비한다거나 강습을 하는 사람들은 고정 파트너가 필요하다. 대부분은 일정 이상의 레벨인 댄서들이 고정 파트너를 찾긴 하지만, 레벨과 상관없이 스트릭틀리[15]에도 잘 맞는 파트너가 있다면 좋다.

잭앤질이 누구랑 춰도 잘 추는 사람을 뽑는 대회라면, 스트릭틀리는 파트너가 정해져 있을 때 음악을 얼마나 잘, 재미있게 표현하는 사람을 뽑는 대회이기 때문이다. 잭앤질과 비교했을 때 상대적으로 스트릭틀리는 기본 실력보다 음악을 얼마나 잘 듣는지, 파트너와의 합은 잘 맞는지를 더 보는 편이다.

그래서 스트릭틀리 파트너를 구할 때는 소셜 댄스 때 잘 맞는 사람에게 미리 요청해서 함께 대회에 나가는 일이 가장 흔하다.

---

15) 스트릭틀리(Strictly) : 음악, 파트너 모두 임의로 결정되는 잭앤질과는 다르게 파트너는 미리 정해서 참가하는 대회 방식.

대부분은 아는 사람이 파트너지만, 다른 나라의 이벤트에 나갈 때는 SNS나 친구의 소개로 파트너를 구해서 처음 만난 사람과 대회에 나가기도 하다. 이렇게 만난 사람과 스트릭틀리에서 상을 받거나 합이 잘 맞는다면 그 커플은 다른 대회에도 함께 나가다가 고정 파트너가 되기도 한다.

그렇다면 이 파트너와의 합은 얼마나 중요한 걸까? 소셜 댄스에서도 여러 사람과 춤추고, 잭앤질에서는 파트너도 랜덤하게 뽑으니 고정 파트너가 중요하지 않다고 생각할 수 있다. 하지만 잭앤질에서는 상을 잘 받지 못하는데 스트릭틀리에서는 항상 상을 받는 사람들도 있다. 누구와 춰도 잘 추지는 못하지만, 특정한 파트너와는 서로의 장점을 살리며 잘 출 수 있는 사람들이다.

합이 잘 맞는다는 것은 여러 가지 기준이 있다. 동그라미 블록과 네모, 세모, 요철 모양의 블록 등 다양한 모양의 블록들을 다른 블록의 모양에 맞게 끼워서 맞추는 것과도 비슷하다. 비슷하게 음악을 듣고, 유사한 스타일의 춤을 춘다거나, 상대방이 추는 춤의 배경을 이해할 수 있거나 단점을 보완할 수 있는 관계들 말이다. 처음에는 맞지 않는 부분이 있더라도, 닳아서 맞게 된 블록처럼 자주 추며 서로의 다음 동작을 예측할 수 있게 된 사람들도 있다.

안 맞는 사람이라면 1+1의 결과가 2가 안 되기도 하는데 잘 맞는 사람을 만나면 1+1이 3 혹은 그 이상이 된다. 잘 안 맞는 사람은 뭘 해도 걸림돌처럼 방해가 된다. 같이 하려는 동작들도 서로 안 맞고 내가 하고 싶은 동작도 못 하게 만드는 것이다. 반면에 잘 맞는 사람은 내 춤을 더 돋보이게 하고 내가 하려는 동작을 도와주면서 내 마음속에 들어갔다 나온 것처럼 잘 맞춘다.

춤 실력이 늘면 어느 정도까지는 상대방에게 맞춰서 출 수 있지만 합이 맞으면 챔피언처럼 출 수도 있다. 그래서인지 잘 추는 사람 중에는 자기와 다른 레벨이라도 합이 잘 맞는 사람을 미리 파트너로 낙점해 두기도 한다. 잘 추는 사람을 찾는 건 쉽지만 나와 잘 맞는 사람을 찾기가 훨씬 어렵기 때문이다. 파트너 없이 혼자 다닐 때는 스스로 장점을 부각하기 쉽지 않아서 그저 한 명의 댄서였다가, 잘 맞는 파트너를 만나면 날개를 단 듯이 실력이 늘어 명성을 떨치는 경우들을 왕왕 볼 수 있다.

댄스 파트너를 구하는 것은 인생의 파트너를 구하는 것과 유사한 부분이 있다. 춤이나 인생의 파트너 모두 서로를 이해하고, 도움을 주고 이끌어 주며 같이 앞으로 나아가는 관계라는 부분 말이다. 잘 맞는 것처럼 보여 파트너가 되었다가도 안 맞으면 헤어지고 다른 파트너를 찾는 것 역시 비슷하다. 그래서인지 댄스 파트너가 되며 같이 다니면서 자연스레 연인이 되는 커플도 있다.

반면에 일과 관련된 관계로서만 춤을 추고, 연인은 각자 따로 두는 댄서도 많다. 춤과 사랑은 비슷해 보이지만 달라서 춤이 잘 맞아도 성격이 안 맞을 수 있기 때문이다. 댄스 파트너와 연인이 되었다가 헤어지면서 파트너를 그만두기도 하고, 반대로 헤어졌지만 그대로 춤은 함께 추면서 각자 따로 연애하고 결혼하는 커플도 있다. 이런 관계에서는 댄스 파트너는 인생의 동반자가 아니라 사업 동반자 같은 의미가 되기도 한다.

그럼에도 나는 댄스 파트너를 삶을 함께하는 동반자라고 부르고 싶다. 이미 춤에 빠져버린 이상 춤추지 않는 삶을 상상할 수 없기 때문이다. 혼자라도 다른 사람과 함께 춤출 수 있지만 고정 파트너가 있다면 더 발전할 수 있고, 서로 이해하는 파트너와 추면 더 행복할 거라고 생각한다. 아직 나에게는 파트너가 없지만 언젠가 춤을 이해하고 함께할 사람을 찾을 수 있을 거라고 믿어본다. 그때까지는 스트릭틀리 대회에 참가하려면 매번 다시 파트너를 구해야겠지만 말이다.

4장
춤추러 간 미국

미국에서 열리는 웨스트 코스트 스윙 이벤트는 수십 개나 된다. 모든 이벤트에 참가한 것은 아니지만 그중에서도 기억에 남았던 부분 몇 가지를 소개해 보려 한다. 참가한 이벤트는 대부분 미국 서부에서 열린 것들이다.

부기 바이 더 베이 (Boogie By The Bay, BBB) : 샌프란시스코, CA
할로윈 스윙 띵(Halloween SwingThing, HST) : LA 남부, CA
스윙 시티 시카고(Swing City Chicago, SCC) : 시카고, IL
시티 오브 엔젤(City Of Angels, COA) : LA, CA

할아버지 할머니도
춤을 춰요

　나의 첫 미국 이벤트는 부기 바이 더 베이(Boogie By the Bay, BBB, 줄여서 비비비라고 부른다)였다. 미국 서부의 샌프란시스코 공항 근처에서 열려서 한국에서 갈 수 있는 미국 대회 중 가장 거리가 가까운 대회이기도 하다. 주로 10월 초에 열려 개천절이나 한글날 연휴에 열리는데, 그럴 때면 연차를 얼마 쓰지 않고 갈 수 있어서 많은 한국인이 참가한다. 내가 갔을 때도 연휴가 겹친 덕분에 다수의 지인과 함께했고, 처음 가는 미국 이벤트였음에도 마음이 든든했다.

　미국 이벤트는 한국이나 싱가포르에서 열렸던 이벤트와는 참가자의 나이대가 조금 달랐다. 아시아에서는 웨스트 코스트 스윙의 역사가 오래되지 않아서 젊은 사람들이 많다. 보통 새로운 것을 배울 때는 열정이 가득한 나이에 시작하기 때문이다. 반면 미국에서는 워크숍이나 소셜 댄스를 하러 갔을 때, 머리가 하얗게 센 할머니, 할아버지들을 많이 볼 수 있었다. 유럽이나 아시아보다 미국 이벤트에 어르신들이 많은 이유는 미국의 웨스트 코스트 스윙 역사가 제일 오래되었기 때문인 것 같다.

그 많은 할머니 할아버지 중에서도 미국에는 웨스트 코스트 스윙의 살아있는 역사이자 전설로 불리는 Carlito 할아버지가 있다. 연세가 여든이 훌쩍 넘었는데, 기록으로는 1989년의 춤 영상도 찾을 수 있었다. 영상과 같은 기록은 어느 정도 춤을 추게 된 이후부터 남는 걸 생각하면 웨스트 코스트의 시작과 함께했다고 해도 과언이 아닐 것이다. 오랫동안 춤을 춰온 댄서로서 어린 댄서들의 존경을 받고 있기도 하다. 누군가 올린 영상을 보면 몇십 년 전, 젊은 Carlito의 춤을 볼 수 있다.

Carlito는 늦은 시간 소셜 시간에도 나와서 춤추는데, 젊은 사람들처럼 몸을 화려하게 움직이며 추지는 못한다. 그저 아주 조금 걷고, 움직이고 팔을 들었다 내리는 정도의 간단한 동작만 하는데도 음악에 맞춰 적절한 리딩을 하니 괜찮은 춤을 출 수 있었다. 나와 춤출 때는 무릎이 안 좋아서 한 곡을 겨우 추고는 앉아야 했지만, 함께 춤추는 대신 춤에 대한 역사와 지식을 들려주었다. 내 고민을 얘기하니 잘하고 있다는 격려와 함께 조언도 해줬다.

그러면서도 항상 자신을 낮춰서 "나는 초보자(비기너)야"라고 하기 때문인지 언젠가는 다른 댄서들과 함께 "더 비기너"라는 이름으로 뮤직비디오를 찍기도 했다.

Carlito는 오래전부터 춰서인지 근육이 굳어있음에도 파트너가 느낄 때 딱딱하거나 어색하지 않지만, 다른 할아버지들은 딱딱한 느낌이다. 팔에는 힘을 적당히 풀어도 몸을 움직이면 되는데, 팔에 힘 빼는 것을 어려워해서 그런 것 같다. 은퇴 이후에 춤을 시작해서 춤을 위한 근육을 새로 만들기에는 몸이 따라주지 않기 때문일 수도 있다.

나이에 따라 몸을 쓰는 방법이나 배우는 속도에 차이가 있기 때문인지 나이가 참가 조건인 대회들도 있다. 35살 이상만 참가할 수 있는 소피 잭앤질(Sophisticate J&J)과 50살 이상만 참가할 수 있는 마스터 잭앤질(Master J&J) 대회가 대표적인 예시다.

소피 잭앤질은 어린 사람들이나 학생들을 제외하고는 대부분이 출전할 수 있어서 올스타(All-Star)나 챔피언 레벨도 참가하기에 상을 받기 어려운 편이다. 하지만 상이 목적이 아니라 잘 추는 사람과 춤출 기회가 있다는 것 때문에 나가기도 한다. 소피 잭앤질과는 다르게, 마스터 잭앤질은 잘 추는 사람이 그리 많지 않기 때문에 상대적으로 허들이 낮다. 내가 조금만 잘 추면 파트너만 적당히 만나도 높은 등수를 차지할 확률이 높다.

춤솜씨를 떠나서 마스터 잭앤질은 대부분 세월의 흐름이 느껴지는 분들이 나오지만 가끔은 젊어 보이는 분들이 나오기도 한다. 그럴 때면 대체 저분은 몇 살일까 하며 호기심 가득한 눈으로 보곤 하는데, 대부분은 손주들이 있었고, 그런데도 젊게 사는 분들이다. 한국에도 마스터 잭앤질에 출전할 수 있는 사람들이 있다. 제 나이보다 훨씬 젊어 보이는 덕에 다들 잊고 있지만, 손주가 있어도 이상하지 않을 나이다.

이렇게 나이에 상관없이 춤추는 모습을 보면 나도 저 정도의 나이가 되었을 때, 나는 어떤 모습일지 생각하게 된다. 나보다 한 세대는 더 사신 분들이 춤추는 걸 보면 나도 춤이라는 취미로 평생 즐거움을 유지할 수 있을 것 같다. 나이 들면 열정이 생기지 않는다고 어릴 때 취미 하나는 가지라는데 그게 나에게는 이 춤이다. 잘 추기까지는 어렵지만 그냥 즐겁게 추기는 어렵진 않다. 춤을 춘다고 몸에 무리가 가는 것도 아니고 꾸준히 지속할 수 있는 취미기에 나는 30년이 지나도 여전히 춤출 것이다.

● 참고 영상 : (왼) 1995년의 Calito / (오)
Calito : The Beginner

할로윈 이벤트 맛보기

미국은 웨스트 코스트 스윙의 본고장인 만큼 많은 이벤트가 있다. 참가해 본 이벤트 중에서 가장 많은 것을 보고 경험하고 온 것은 미국의 할로윈 스윙띵(Halloween SwingThing, 약자로 HST)이었다. 처음 방문했을 때는 미국으로 출장을 갔던 기간 중 주말에 잠깐 들러서 1박 2일이라는 짧은 일정으로 참가했다. 여태껏 가본 이벤트와는 너무 다른 분위기에 눈을 동그랗게 뜨고 구경만 다녔다.

이곳에는 이름에 맞게 할로윈을 몸소 체험할 수 있는 행사들이 있다. 대표적인 행사는 트릭 올 트릿 룸(Trick or Treat Room)으로, 각각의 콘셉트를 잡고 호텔 방을 꾸미고 이 방들을 돌아다니며 구경하는 것이다. 할로윈 때 아이들이 집을 돌아다니면서 "트릭 올 트릿!"이라고 외치며 사탕을 얻는 것과 같은 방식이다. 행사 참가자들이 아이들이고 호텔 방이 집이 되는 것이다.

이 행사를 준비하는 사람들은 방에 온 사람들에게 각자 자신들의 이벤트, 혹은 커뮤니티를 알리기 위한 목적을 가지고 있다. 그래서 최대한 사람들에게 좋은 인상을 남기며 환심을 사려고 애쓴다. 가장 좋은 방법은 맛있는 간식이나 음료를 나눠주거나 멋지게 꾸며서 재미있는 곳이라는 걸 알리는 것이다.

대부분의 방은 할로윈 하면 연상되는 무시무시한 유령이나 좀비, 호박, 거미들로 장식한다. 어디서 준비한 건지 푸르스름한 조명을 챙겨 와서 유령의 집 같은 분위기를 만들고 방문자를 혼비백산하게 만들거나, 게임을 준비해서 결과에 따라 과자 또는 술을 주기도 했다.

트릭 올 트릿 룸 행사 뒤에는 바로 코스튬 퍼레이드가 있어서 돌아다니는 사람들은 모두 할로윈 코스프레를 한 상태로 구경한다. 나는 코스튬을 입고 있지 않았기 때문에 퍼레이드는 참여하지 않았다. 대신 저녁을 먹고 행사장으로 돌아왔다.

퍼레이드가 끝났을 때도 다들 옷을 갈아입기는 아쉬웠는지 아직 코스튬 의상을 입은 사람이 많았다. 뱀파이어와 마녀, 만화에서 튀어나온 캐릭터들과 공룡 등 다양한 캐릭터들이 춤추고 있었다. 그 사이에서 혼자 춤추기 편한 옷을 입고 있으니, 마치 이상한 나라에 떨어진 앨리스가 된 기분이었다.

어떤 복장이냐에 따라 얼마나 오래 춤출 수 있는지가 달랐는데, 아무리 에어컨을 틀어도 털이 가득한 옷이나 전신을 덮는 동물 잠옷, 드레스를 입고 오랫동안 춤출 순 없었다. 덕분에 시간이 지날수록 편한 옷으로 갈아입고 오는 사람들이 늘어나서 동화 속

세상이 점차 현실 세계로 스며드는 듯했다.

한국에서의 할로윈은 코스튬을 입고 거리를 걷는 게 전부인데, 할로윈 이벤트에서는 다른 집을 방문하는 것처럼 으스스하게 꾸며진 호텔 방에 가서 간식거리를 얻어먹을 수 있었다. 독특한 의상을 입고 춤출 수 있다는 것도 꽤 쏠쏠한 재미였다.

물론 한국에서 춤출 때도 이 시기에는 할로윈 파티를 열어서 분장하고 간식거리 정도를 준비하긴 하지만, 이벤트의 분위기와는 사뭇 다르다. 전신 옷까지 준비해서 입는 사람은 드물고, 간단한 마녀 복장에 화장으로 핏자국이나 칼자국을 만들어내는 정도다. 한국에서의 할로윈 파티가 간이 행사였다면 미국의 할로윈 이벤트는 본격적인 할로윈을 몸소 체험할 수 있었다.

이색적인 옷을 입은 사람들과 추는 것만으로도 평소와는 다른 기분이 들었다. 물론 해외에서 추는 것이니만큼 처음 보는 사람들이 많아서 그런 것도 있었지만, 으스스한 소품들도 더해져 공포영화 세트장에서 춤추는 기분도 들었다.

단 하나 아쉬운 점이 있다면 행사에 적극적으로 참여하지 못한 것이다. 출장 중 1박 2일로 짧게 방문한 거라 같이 올 사람을 찾을 수 없었고, 짐도 많이 챙길 수 없어 코스튬을 준비할 여유도 없었다. 다른 이벤트에서 친해진 사람들과 함께 구경하는 것만으로도 눈이 즐겁기는 했지만, 준비한 게 아무것도 없어서 참여할 수 없었다는 점이 아쉬웠다.

본격적으로
할로윈 이벤트에 참여하기

구경만 해도 재미있던 할로윈 이벤트에 다른 사람과 같이 가고 싶어서 함께 갈 사람을 모집했다. 할로윈 코스튬을 입고 돌아다니기만 해도 충분히 재미있을 것 같았지만 두 번째 방문에서는 호텔 방을 다 같이 꾸며보게 되었다. 몇 달 뒤에 한국에서 열리는 이벤트를 홍보하려는 목적이었다. 기획할 때만 해도 가기로 한 인원은 4명이었는데 늦게나마 한 명이 더 추가되고 미국의 지인들이 도와준 덕분에 간신히 행사를 소화할 수 있었다.

출발하기 전부터 우리의 트릭 올 트릿 룸(Trick or Treat Room) 콘셉트는 넷플릭스 드라마 〈오징어 게임〉으로 결정했다. 홍보 아이템은 소맥과 달고나 게임으로, 한국에서부터 코스튬들과 달고나, 화려한 조명이 달린 소주잔들과 소맥 탕탕이를 준비했다. 어렴풋한 아이디어는 미리 정했지만, 자세한 내용은 아무것도 정한 게 없었다.

미국으로 가는 비행기 안에서 〈오징어 게임〉을 시청하면서 어뗗게 꾸밀지 상상했다. 지난번 이벤트 때 구경한 방들은 다들 호화로웠기에 그 사이에서 살아남으려면 엄청난 걸 준비해야 할 것 같았다. 하지만 한정된 예산과 비싼 미국 물가 사이에서 선택지가 얼마 없었다.

고민만 하다가 뭐라도 찾아보자며 나간 곳에서 넷플릭스 팝업 스토어를 발견했다. 〈오징어 게임〉 콘셉트로, 가벽으로 만들어진 분홍색 벽과 청록색 계단이 교차하는 중간에 진행요원이 서 있는 부스를 보고 유레카를 외쳤다. 방을 분홍색, 청록색 종이나 천으로 장식하면 그리 비싸지 않게 이 부스와 비슷한 분위기를 만들 수 있을 것 같았다.

다행히 잡화점에서 분홍색 천과 청록색 테이블보를 발견했고, 구름을 만들 흰색 펠트지도 싸게 구할 수 있었다. 이것들로 무궁화꽃이 피었습니다를 진행하던 놀이터도 연상시킬 수 있을 듯싶었다.

콘셉트가 〈오징어 게임〉이라면 당연히 콘텐츠는 게임이다. 할 만한 콘텐츠는 딱지치기와 무궁화꽃이 피었습니다, 그리고 달고나 게임 정도면 될 것 같았다.

딱지는 신문지와 잡지를 접어서 준비했는데 딱지를 쳐서 뒤집는 게 너무 어려워서 방문 앞에서 몸풀기 게임으로 활용했다. 실제로 해본 사람들은 이걸 어떻게 넘기냐고 하면서 불평을 하기도 했지만 드물게 한 명이 딱지를 쳐서 넘길 때면 갑자기 호텔 방을 뒤흔드는 환호성이 들리기도 했다.

넷플릭스에서 〈오징어 게임〉을 영어로 시청하면 '무궁화꽃이 피었습니다'는 레드 라이트(Red light), 그린 라이트(Green light)라고 설명한다. 신호등을 비유한 것으로 생각했는데 알고 보니 미국에도 비슷한 게임이 있었다. 덕분에 이미 규칙을 아는 사람들이 절반은 되었다. 적당히 주변 사람을 따라서 게임을 하는 사람도 있어서 모든 사람에게 설명할 필요는 없었다.

진행하는 사람은 모두 핫핑크 색의 진행요원 슈트를 입었다. '무궁화꽃'을 위해 영희 가면을 쓴 진행요원이 방 한가운데에 있었고, 나머지 진행요원은 동그라미 세모 엑스가 그려진 검은색 가면을 쓰고 주변에 서 있었다. 나는 여러 테이블을 보조했는데 주로 '무궁화꽃'의 진행을 도왔다.

'무궁화꽃'은 방의 입구 근처에 일자로 붙인 흰색 테이프가 출발선이었다. 영희가 그린 라이트를 크게 외치면 게임이 시작됐다.

영희가 레드 라이트를 외쳤을 때 움직이지 않고 그린라이트에 계속 달려 영희를 터치하면 됐는데 거리가 길지 않아 진행 시간이 가장 짧았다.

방 한구석에서는 '무궁화꽃'을 통과한 사람들이 달고나를 모양대로 분리하는 데 집중하고 있었다. 시간제한을 따로 두지 않았더니 정체 구간이 되어서 나중에는 막 시작했더라도 한 번에 내보내고 바깥에 줄 서 있는 사람들을 들여보내야 했다.

소맥은 게임에 참여한 사람들만 마실 수 있었다. 무슨 술인지는 간단한 단어로 소개하고 사람들의 시선을 뺏기 위해 화려한 도구를 사용했다. 조명이 달린 소주잔을 6갈래로 나눠지는 트레이 아래에 두고 소주를 반병 정도 부은 뒤 소주와 맥주를 섞는 것이었다. 소주와 맥주를 섞을 땐 준비한 소맥 탕탕이를 이용했다. 동그란 버튼을 누르면 막대가 진동하며 술을 섞는데 바로 거품이 올라와 보는 사람마다 신기해했다.

방을 온통 분홍색과 청록색, 하얀 구름으로 꾸몄더니 무서운 할로윈 분장들 속에서도 사진에 예쁘게 나와서 사람들이 게임을 하다 말고 사진을 찍기도 했다. 마지막쯤에는 붙여놨던 천들이 떨어지고, 출발점을 표시해 둔 곳도 없어진 데다가, 사람들이 점점 취하기까지 해서 진행에도 따르지 않았다. 처음 행사를 시작할 때만 해도 미국의 문화를 즐기며 한국을 알리는 듯싶어 보람찼지만, 점점 난동 부리는 취객을 상대하는 기분이 들었다. 그래도 취한 와중에도 다들 우리가 준비한 것들을 하나같이 좋아해 주고 재미있어해서 뿌듯했다.

짧지만 길었던 트릭 올 트릿 룸 행사를 마무리하자마자 코스튬 퍼레이드를 위해 행사장으로 향했다. 방을 정리하거나 쉴 시간도 없이 바로 시작되어 입고 있던 오징어 게임 진행요원의 복장 그대로 이동했다.

행사장에는 이미 할로윈 의상을 입은 사람이 가득했다. 우리 말고도 오징어 게임 콘셉트로 옷을 입고 있던 또 다른 참가자들도 만나 미리 짠 것처럼 무리를 지었다. 다들 원을 그리면서 움직이는지 조금씩 이동하며 다른 사람의 의상을 구경하며 인사를 나눴다. 다소 정신없는 시작이었지만 어느 순간 무대와 관객석이 분리되며 진행자가 나섰다.

퍼레이드에서 본 사람 중, 가장 멋진 의상을 입은 후보자들을 호명했다. 진행자의 마음대로 불렀지만 의외로 많은 사람의 호응을 받았다. 그다음은 가장 재미있는 코스튬, 그리고 무서운 코스튬 후보자들을 불러냈다. 오징어 게임은 가장 무서운 코스튬 후보에 올라 우리도 무대 한쪽에 서게 됐다. 그리고 한 팀씩 나와 각 팀에서 준비한 장기 자랑을 선보이기 시작했다.

가장 인상 깊은 팀은 맨 워크(Man Work) 팀이었는데 맨몸에 형광색 안전 조끼만 걸치고 복근을 자랑했다. 더 보여줄 게 없냐는 진행자의 말에 다 같이 팔 굽혀 펴기를 하거나 두 명이 함께 팔 굽혀 펴기 하는 모습을 보여주기도 했다. 준비한 의상만 보여

주는 것이 아니라 콘셉트까지 확실해서 여성들의 환호성과 모든 사람의 웃음을 얻었다.

할로윈 퍼레이드에 참가하는 것뿐 아니라 관객들 앞에서 장기자랑을 해야 할 거라고 예상하진 못했지만 이렇게까지 노는 데 진심인 사람들 사이에 있으니 나도 뭔가 해야 할 것 같았다. 소심한 성격이라 준비 없이 뭔가 할 순 없었지만, 우리 팀의 차례가 됐을 때 최선을 다해 전신을 가린 코스튬을 더 무섭게 보이려 애썼다.

지난번 할로윈 이벤트에서는 그저 구경하는 게 전부였는데 이번엔 할 수 있는 모든 행사에 본격적으로 참여했다. 미국에 사는 사람들도 집을 꾸미고 이웃집은 방문하지만, 호텔에서 하기는 어렵다. 호텔 방을 직접 꾸미고 방문객들과 함께 놀면서 할로윈을 몸소 체험한 것 같았다. 코스튬을 입는 것 정도는 쉽게 도전할 수 있지만 다른 사람들과 함께 퍼레이드에 참여하고 관객들 앞에서 선보이기까지 했다. 게다가 코스튬을 입고 춤까지 췄으니, 이벤트에서 할 수 있는 모든 걸 한 것 같다.

이 모든 것들을 하루 동안 진행했으니 피곤함은 극에 달했지만, 하고 싶은 것들을 다 해본 덕분에 이제 여한이 없다며 성불해도 이상하지 않을 정도였다. 보기만 하는 것과 직접 참여하는 건 느끼는 감정의 깊이가 달랐다. 피로와 즐거움을 맞바꾼 것 같지만 흔치 않은 경험이라는 점에서 꼭 한 번은 해볼 만했다고 평하고 싶다. 만약 다음에도 참여할 기회가 있다면 그때는 더 준비해서 참여하고 싶다.

스토리가 있는 무대

할로윈 이벤트에는 더 페이머스 스캐어리 스트릭틀리(The Famous Scary Strictly)라는 특별한 대회가 있다. 스트릭틀리는 파트너가 고정된 대회 방식으로, 보통은 음악을 선택할 수 없지만 이 대회는 공연에 가까웠다. 무대가 시작되기 전에 파트너와 음악, 의상을 모두 준비하고 관객들의 몰입과 이해를 돕기 위해 스토리와 관련된 영상을 틀기도 한다. 댄서라면 잘 아는 스토리, 혹은 미국인이라면 알 수 있는 내용이나 드라마 등을 소재로 한 스토리에 음악과 춤을 더해 준비한다.

올스타(All-Star)[16] 이상의 레벨에서 진행하는 대회로, 예선을 통과해야 본선에서 준비한 무대를 선보일 수 있다. 대부분은 본선에서 공연할 내용을 미리 정해두고 예선을 치른다. 예선은 임의의 음악에 즉흥적으로 춤추는 일반적인 진행방식이라, 본선은

---

16) 챔피언 바로 아래 레벨. 웨스트 코스트 스윙의 기술 레벨은 초보인 뉴커머(Newcomer)에서 시작해서 노비스(Novice), 인터(Intermediate), 어드(Advanced), 올스타(All-star), 가장 높은 레벨인 챔피언(Champion)으로 나뉜다.

다르다는 걸 모르고 예선을 통과하면 하루 만에 무대 준비를 해야 한다. 물론 이벤트에 참가한 사람들의 다양한 할로윈 코스튬들이 있기에 아이디어만 있다면 의상이나 준비물들을 빌려서라도 충분히 멋진 공연을 준비할 수 있다.

실제로 하루 만에 준비된 무대가 있었다. 함께 이전 행사를 준비했던 Heejung과 그 파트너 Frank의 무대였다. 앞선 행사인 트릭 올 트릿 룸(Trick or Treat Room)에서 아이디어를 얻어 드라마 〈오징어 게임〉의 '무궁화꽃이 피었습니다'가 소재였다. 대회 규칙으로 영희가 "그린 라이트(Green light)"라고 하면 춤을 추고, "레드 라이트(Red light)"라고 하면 일시 정지를 누른 것처럼 춤을 멈춰야 했다. 그렇지 않으면 대회에서 점수를 얻지 못한다는 설정이었다.

무대의 극적인 요소를 살리고 더 재미있는 상황을 위해 더 난도가 높은 동작을 보였다. 팔로워가 한 발로 턴을 도는 중간에 멈추고, 팔로워가 리더의 손을 잡고 바닥과 가깝게 눕는 중간에 멈추는 등 아슬아슬한 동작을 보여줄 때마다 관객들의 감탄이 함께했다. 댄서들이 화려한 동작을 자랑했지만, 마지막에는 결국 점수를 받지 못했고, 점수가 0점으로 표시된 순간 총소리와 함께 댄서들이 쓰러졌다. 쓰러진 댄서들은 진행요원 복장을 한 도우미들이 끌고 나가는 장면으로 무대를 마무리했다.

나는 마침 진행요원 복장을 입고 있던 덕분에 이 무대의 마무리를 도와달라는 요청을 받았다. 마지막 장면에서 쓰러진 댄서의 다리를 잡고 아무렇지 않은 듯 끌고 나가는 역할이었다. 내게 무대는 구경의 대상이었는데 단역으로라도 참여하니 무대들의 일부분이 된 기분이 들었다.

오래된 고전인 타이타닉을 소재로 각종 명장면을 춤과 함께 보여준 무대도 있었다. Paul과 Janelle이 각각 잭과 로즈를 연기했고, 〈타이타닉〉의 주제곡인 〈My Heart will go on〉으로 시작했다. Paul이 Janelle을 스케치북에 그리는 장면은, 잭이 로즈의 초상화를 그리며 사랑에 빠지는 장면과 같았다. 몇 초 안 되는 시간 동안 그린 것은 졸라맨 같은 형태였지만 Janelle의 특징이 더해졌다. Paul이 그린 그림을 진지한 표정으로 관객들에게 보여주어서 더 큰 웃음을 주었다. 주인공들이 사랑을 나누듯 달콤하게 춤추다가 Janelle이 양팔을 펼치고 Paul은 뒤에서 허리를 잡아주며 타이타닉의 명장면도 표현했다. 오래된 영화지만 안 본 사람을 찾을 수 없는 명작이라 하나같이 알고 있는 장면들이 눈에 들어왔다.

한창 로맨틱한 모습들을 춤과 함께 표현하다가 갑자기 음악이 전환됐다. 엑스트라 여러 명이 파란 천을 높이 든 상태로 등장했고, 그 뒤로 나무판자 같은 튜브를 옮겨왔다. 그 앞에서는 관객들의 시선을 빼앗기 위해 빙하를 보여주듯 흰색 망토를 걸친 도우미가 신나게 몸을 흔들었다. 그 덕분에 바다에서 무슨 일이 있었고 이제 장면이 전환된다는 것을 짐작할 수 있었다.

한바탕 엑스트라들이 지나가고, 〈I feel like I'm drowning〉이라는 음악에 맞춰 튜브 위에서 춤추기 시작했다. 아슬아슬하게 배 위에서 춤추다가, 결국 Paul은 발이 미끄러지며 튜브 밖으로 나와 파란색 천을 몸에 휘감으며 바닥을 굴렀다. 잭이 바다에 가라앉는 장면이었다. 그때 Janelle은 배 위에서 느긋하게 누워서 하품하며 여유를 부렸고, 이 모습은 바닥을 구르는 Paul과 대조됐다. Janelle은 특히 주요 장면 순간순간마다 보이는 표정들이 도도하거나 익살맞아서 모두의 웃음을 자아냈다.

댄서들만 이해할 수 있는 무대도 있었다. '전형적인 잭앤질(Typical Jack & Jill)'이라는 제목이었는데 꿈속의 꿈같은 느낌으로, 춤 속의 춤을 표현한 무대였다. 잭앤질(Jack & Jill) 방식의 대회에서 댄서들이 생각하는 내용을 미리 준비한 영상과 녹음한 음성으로 틀고, 행동은 직접 춤으로 보여줬다. 잭앤질은 순위에 들었을 때 공식적으로 점수가 기록에 남아서 그 어떤 대회보다 눈에 불을 켜고 춤추는 사람이 많다. 대회 시간은 한 사람당 5분도 안 될 정도로 짧지만 익숙하지 않은 파트너와 음악 두어 곡만으로 평가받아야 하기에 모두가 긴장한다. 대회에 참가해 본 사람으로서 챔피언들은 어떻게 생각하고 대회에 임하는 건지 궁금했다.

이 무대는 Benji와 Victoria가 준비했고, 잭앤질의 본선에서 파트너가 정해지기 전에 각각 생각하는 내용을 말하는 것으로 시작했다. 서로가 파트너가 되지 않기를 바랐지만 뽑기에서 이름을 뽑았을 때의 행동은 너무 좋다는 반응이었다. 실제로 파트너가 마음에 들지 않아도 그런 티를 내면 점수가 감점되기 때문이다. 춤을 추기 시작하며 긴장했을 때 숨을 크게 내쉬라는 마음의 소리나, 잘 모르는 음악이 나왔을 때 고민하는 생각들을 알 수 있었다. 내가 대회를 참가했을 때도 흔히 하는 생각이라 공감했는데 주변에서 터져 나오는 감탄사나 공감의 목소리를 들으니 다들 비슷한 심정인 것 같다.

한창 춤추다가 딴 생각을 하는 것도 있었다. 춤을 어떻게 추냐는 생각이 아니라 옷이 예쁘다거나, 같은 바지를 입었다는 생각에 갑자기 바지를 강조하는 춤을 추었다. 춤이 끝나고 이 정도면 제법 잘 춘 것 같다며 자리로 돌아갔는데 심사 결과가 좋지 않아 충격을 받았다. 나만 근심걱정 가득한 상태로 대회를 치르는 줄 알았는데 모두가 비슷한 생각이었다니 안심이 됐다. 아주 특별한 재능이 있어야 챔피언이 되는 줄 알았는데 대회 때의 생각을 엿보니 챔피언도 나와 크게 다르지 않은 것 같았다.

그 외에도 조니 뎁의 이혼 소송같이 미국에서 유명하게 회자된 사건을 소재로 해서 꾸며진 경우도 있었다. 관련 영상을 미리 준비해서 소송의 일부를 보여주고 술을 마신다거나 똥을 쌌다거나 하는 등 중요하게 언급된 단어들을 음악에서 찾아서 춤으로 표현하기도 했다. 다른 유명한 댄서들을 흉내 내서 그 댄서들이 자주 쓰는 동작을 보여주는 경우도 있었고 영화 〈호커스 포커스〉, 〈스타 트랙〉, 〈오즈의 마법사〉와 같은 주제도 있었다. 대부분의 무대는 중간에 강조할 부분이나 진지한 순간, 혹은 사람들이 재미있게 기억했던 부분에 음악이나 춤의 포인트로 표현했다.

대회는 항상 즉흥적인 춤만 춘다고 생각했는데 의도적으로 공연 같은 무대를 보는 것도 재미있었다. 공연이 다 끝난 뒤에는 짧은 공연을 연이어 본 것 같은 고양감이 들었다. 일부는 외국 문화나 개그 코드들은 이해하기 힘들었지만, 대부분은 웨스트 코스트 스윙 댄서라면 알만한 것들이었다. 즉흥으로 춤추는 걸 볼 때는 멋있다며 감탄만 했는데 스토리를 더하니, 마치 춤에 생명을 불어넣은 듯했다. 그 덕분에 기억에도 잘 남고, 다른 사람에게 설명하기도 쉬웠다. 줄거리가 더해지니 평소와 똑같이 춤을 춰도 더 몰입해서 보게 되어 춤으로 표현하는 것들을 이해하기도 좋았다.

스토리가 있는 춤과 즉흥적인 춤은 다른 카테고리 같지만, 스토리를 더해서 한번 보고 나면 다른 댄서들의 생각을 더 잘 이해할 수 있다. '전형적인 잭앤질' 같은 무대처럼 직접적으로 생각을 설명하기도 하고, '오징어 게임' 무대처럼 댄서들이 생각하는 점수[17]의 의미에 대해서 간접적으로 알게 되기도 한다. 한국에서는 잘 보지 않지만, 미국에서 유명한 영화나 이야기를 토대로 무대를 준비하니 이를 통해 미국의 대중적인 문화와 취향도 알 수 있었다.

---

17) 레벨 별로 진행하는 잭앤질(Jack and Jill) 대회에서 순위에 들면 얻는 점수.

- 참고 영상 : Scary Strictly Swing – HST
  2022 (왼)오징어 게임 / (오) 타이타닉

- 전형적인 대회(에서의 댄서들의 생각)

세대 차이와 춤

미국의 큰 대회 중 하나인 씨티 오브 엔젤(COA, City Of Angels) 이라는 이벤트에는 다른 이벤트에서 보지 못했던 대회가 있었다. 제너레이셔널 스트릭틀릭(Generational Strictly)라는 대회로 파트너를 정해서 참여하는 방식이다. 파트너의 조건은 꼭 한세대 이상, 20살 넘게 차이가 나야 한다.

댄서 중에 나와 20살 이상 어리거나 많은 사람이 얼마나 있나 싶었지만, 의외로 많았다. 내가 이벤트에 같이 간 지인도 나보다 20살 이상 많았다. 학생 때는 비슷한 나이 또래의 친구들과 어울렸고, 회사에서는 나보다 훨씬 나이 많은 분들과 함께 일을 했지만 같이 놀아 본 적은 없다. 그런데 지금은 같이 춤을 추고 있다니, 제너레이셔널 스트릭틀리를 보고 새삼스럽게 나이를 다시 인식하게 됐다. 춤추는 사람들의 나이대가 다양해서 호칭을 구분하지 않고 모두 언니 오빠라고 불렀고, 다들 동안이라 나이를 신경 쓰지 않았기 때문이다.

한국에서 어린아이들은 공부하느라 춤추러 올 일이 드물지만 나이가 많은 사람은 제법 많은 편이다. 미국은 은퇴한 사람들도 많지만, 아이들도 취미를 갖고 있어서 더더욱 다양한 나이의 사람들을 만날 수 있었다. 그 덕에 할아버지, 할머니, 중년, 청년, 청소년이 모두 섞여서 대회에 참가했다.

20대와 40대의 조합은 아주 흔했고, 10대와 30대 혹은 40대와 60대 이상의 조합도 제법 많았다. 훨씬 드물지만 20대와 60대의 조합도 간간이 보였다. 참가자 모두의 나이를 아는 건 아니지만 갓 성인이 된 댄서나 50살 이상은 주니어와 마스터라는 대회에서 볼 수 있어 나이를 짐작할 수 있었다.

흔히 세대 차이가 나면, "요즘 세대는 뭔가 다르더라", "요즘 애들은 어떻더라" 하며 어울리기를 불편해한다. 요즘 젊은 사람들을 MZ 세대로 묶어 당돌하고 자기만 안다는 식으로 얘기하기도 한다. 나이가 많은 사람이 "나 때는 말이야"라고 말하는 것을 "Latte is a horse"처럼 놀리듯이 신조어들을 만들기도 한다. 이런 말이 세대 차이에서 비롯되었다는 것을 생각하면 20살 이상 차이 나는 사람들이 어울리기 힘들다는 건 분명해 보인다.

이렇게 대회에서 세대를 넘어 다 같이 춤추는 모습을 보니 춤으로 세대 차이를 극복할 수 있을 것 같았다. 부모님과 아이들이 함께 춤추는 것은 아이가 어릴 때나 가능하다고 생각했는데 아이들이 성인이 되고, 부모님의 머리가 하얗게 세어도 함께 춤출 수 있다면 이런 모습이지 않을까. 이런 모습이 우리 사회의 일면이라면 훨씬 더 조화롭고 아름다울 것이다.

댄서들도 대부분은 나이대가 비슷한 사람들끼리 친한 편이다. 만약 제너레이션 스트릭틀리처럼 한세대 이상 차이가 나야 한다는 조건이 없었다면 파트너가 되는 일도 없었을 것이다. 비록 일부만 친해서, 혹은 대회의 상금을 노리고 나온 것이라도 이렇게 어울리면서 서로를 존중하다 보면 모두가 세대를 넘어 친구가 될 수 있을 거라고 믿고 싶다.

모두가 함께하는 춤

대부분의 대회에서는 모두가 함께 참가할 수 있는 대회를 하나씩 준비한다. 대회가 열리는 지역에 따라 올 아메리칸, 올 코리안, 올 유러피안 등의 이름으로 열리지만, 본질은 하나다. 자격 제한 없이 누구나 참여할 수 있는 대회라는 것. 대부분은 잭앤질(Jack & Jill) 방식으로 나와 추게 될 파트너가 누가 될지 모르고 음악도 모른다.

댄스 레벨도 상관없이 모두가 참가할 수 있기 때문에 내 파트너가 아주 잘 추는 사람일 수도 있고, 이제 춤을 배우기 시작한 사람일 수도 있다. 복권을 긁는 것 같은 대회라고 할 수도 있겠다. 잘 추는 사람들은 이 대회에 참가해도 얻는 이득이 크지 않지만, 이벤트에 무료로 참가하는 대신 이렇게 모두가 참가하는 대회는 반드시 참가해야 한다는 조건이 있다. 덕분에 잘 추는 사람들과 춤출 기회를 노리고 대회에 참가하는 사람도 많다.

모두가 함께 출 수 있는 시간으로 늦은 밤의 소셜이 있지만 이 시간은 대회와는 분위기가 사뭇 다르다. 조명의 밝기가 낮과 밤 수준으로 다르다는 것부터, 대회에서는 누구를 만나도 춤을 거절할 수 없다는 점, 그리고 상금이나 트로피가 걸려있고 다른 사람들이 지켜보니 긴장하게 되는 것도 차이점이다. 소셜은 나오지 않고 대회만 나오거나, 반대로 대회는 참가하지 않지만 밤새 춤추는 사람도 있다.

소셜 때 쉬지 않고 다른 사람들과 춤을 춘다면 댄서들과 이야기를 나눌 시간이 더 적기도 한데, 대회에서는 만나는 파트너와 서로 인사를 주고받을 시간이 있다. 대회가 시작되기를 기다리면서 만나는 사람들과 이야기를 나누기도 한다. 나는 소셜 시간에 사람들에게 먼저 말을 걸 정도로 사교적인 성격이 아니라서 대회 시작 전에 다른 사람들과 이야기를 나누는 시간이 반가웠다.

올아메리칸 잭앤질은 상금이나 트로피는 주지만 공식적으로 점수를 기록하지 않는다. 공식적인 규칙도 없어서 대회의 규칙은 이벤트를 주최하는 곳마다 다르다. 보통 예선에서는 한 곡마다 파트너가 바뀌고, 본선에서는 한번 만난 파트너를 바꾸지 않고 끝까지 함께한다. 하지만 내가 참가한 스윙 시티 시카고(Swing City Chicago, SCC)의 올 아메리칸 잭앤질은 일반적인 규칙과 달랐다. 예선에서도 파트너가 바뀌지 않고 처음 만난 파트너와 예선부터 끝까지 함께 했다.

이 룰은 대기실에서 알게 되었다. 주최 측에서 파트너가 될 사람들의 이름을 부르며 기다리는 사람들의 줄을 세웠다. 내가 만난 파트너는 체격이 좋은 흑인 할아버지였는데, 밤새 소셜 시간에 춤을 췄지만, 한 번도 만나지 못한 사람이었다. 이 할아버지는 낮에 열리는 대회에 모두 참가했지만, 늦은 저녁에는 얼굴도 볼 수 없기 때문이다. 서로의 이름과 국적을 묻고 대화를 나누던 중 할아버지는 춤도 추기 전에 잘 못해서 미안하다고 말했다. 그래서 나보다 못 추는 사람인가 걱정했는데 그런 의미가 아니었다. 이런 대회에서는 다들 올스타(All-Star) 이상의 레벨인 사람과 만나기를 원하는데 할아버지는 어드(Advanced) 레벨로 올스타보다 한 레벨 낮았기 때문이다.

할아버지와 걱정과는 다르게 같이 춘 춤은 제법 재미있었다. 나는 노비스(Novice, 초급) 레벨이라서 비교군이 훨씬 낮았다. 할아버지는 박자를 맞추는 건 기본이고 음악도 잘 들었다. 그저 할아버지가 하자는 대로 따라가기만 해도 충분했고, 내가 하고 싶은 동작이 있을 때는 기가 막히게 알아차리고 나에게 여유를 주었다. 빠른 음악에는 신나는 춤을 추고 느린 음악에는 우아한 춤을 출 수 있었다. 다른 사람들이 워낙 잘 춰서 우리가 예선을 통과하지는 못했지만 둘 다 최선을 다해 만족스럽게 춤을 췄다. 소셜때 만나기 어려운 사람을 대회에서 만났다는 점에서 구하기 힘든 희귀한 아이템을 얻은 기분이었다.

모든 사람이 함께 참가하는 대회에서 잘 추는 사람을 만나 우승하는 것도 기분 좋은 일이다. 내가 낮은 레벨이라도 우승한다면 자신감을 얻을 수 있을 테니 말이다. 우승할 기회를 얻기 위해 대회에 참가하는 사람도 있겠지만, 대회를 새로운 사람을 만날 수 있는 하나의 기회로 보는 것도 괜찮다. 소셜 시간에 추는 것과 대회에서 추는 춤이 다를 수 있기 때문에 아는 사람을 만나는 것도 좋다. 참가 조건 없이 다 같이 대회를 치른다는 점이 부담스러울 수도 있지만, 반대로 생각하면 떨어져도 부담 없이 나갈 수 있다는 의미도 된다. 어떤 사람과 춤출지 모르지만, 부담 없이 설레는 마음으로 즐긴다면 그것도 즐거운 일이 아닐까.

5장
춤추러 간 유럽

한국인 리더들은 유럽에서 열리는 이벤트에 한 번 다녀오면 또 가고 싶다는 말을 입에 달고 산다. 유럽 이벤트에서 리더와 팔로워는 신청할 때부터 다른 대우를 느낀다. 팔로워가 많은 편이라서 팔로워는 신청할 때, 리더와 함께 신청하지 않으면 대기열에 등록되고 혼자 신청하는 리더가 있는 경우에만 참가할 수 있다.

러시아의 상트페테부르크에서 열리는 스윙 스노우(Swing Snow). 예쁜 팔로워들이 많다며 좋아하는 리더들이 많았다. 팔로워들이 워낙 많고 적극적인 탓에 소셜 때 먼저 춤을 신청하지 않으면 팔로워는 벽의 꽃이 되기 십상이다.

댄서들의 낙원 같은 이벤트, 헝가리 부다페스트(Budapest)에서 열리는 웨스트 코스트 스윙 축제, 부다페스트(Budafest). 유럽에서 열리는 이벤트지만 유럽, 미국, 아시아 할 것 없이 전 세계에서 참가하는 사람이 많다. 한 공간에서 모든 국적의 댄서들과 출 수 있어 뷔페 같은 느낌도 든다.

춤의 기본은
내 중심을 지키는 것

 춤을 시작한 지 얼마 되지 않았을 때는 그저 춤이 재밌을 뿐 더 깊이 생각할 여유는 없었다. 초반에 배우는 기본 동작들을 다 배우고, 춤추는데 여유가 생기니 내가 어떻게 추는지 보고 싶었다. 내 영상을 찍고 결과물을 보는데 나는 어딘가 엉거주춤하고 위태로워 보이는 자세였다. 도저히 눈 뜨고 볼 수가 없을 정도였다. 춤추면서 상상한 나는 챔피언 못지않았는데 영상으로 보니 오징어가 따로 없었다. 급해 보이는 동작, 도무지 바닥에서 떨어지지 않는 발, 흐느적거리는 팔과 예쁘지 않은 자세가 눈에 들어왔다.

 춤을 예쁘게 추려면 어떻게 해야 할까? 어떻게 화려한 패턴을 안정적으로 소화할 수 있을까? 이런저런 고민을 하다가 중심을 지킨다는 것에 대해 생각하게 됐다. 춤추는 태가 예쁘지 않은 건 바른 자세를 유지할 근육이 부족하기 때문이었다. 없는 근육으로 어떻게든 넘어지지 않고 추려니 예쁘지 않은 자세를 취하는 것이다. 길 가다 돌에 발이 걸려 넘어질 뻔했을 때 몸을 허우적대서라도 넘어지지 않고 중심을 잡는 것과 비슷하다. 아무리 빠르고 화려하게 스텝을 잘 밟아도 휘청거리면서 추면 볼품없다. 몸의 중심을 잡아둔 상태에서 팔다리를 움직여야 아름답다.

춤출 때 기본은 내 중심을 잡는 것이다. 혼자 출 때는 스스로 중심을 잡는 것이 당연하지만 파트너와 출 때는 상대방의 영향을 받아 중심이 흐트러지기 쉽다. 춤추면서 움직일 때나, 상대방과 손을 잡고 당기거나 밀 때도 흔들리지 않고 중심을 잡아야 한다.

파트너와 함께 추면서 중심을 잡으려면 나를 지키는 힘, 나를 지키는 근육이 있어야 한다. 파트너가 예상하지 못한 동작을 할 때, 내 몸에 근육이 없으면 상대 쪽으로 끌려가거나 당황하며 내 중심을 유지할 수 없기 때문이다.

중심을 힘으로 잡는 방법도 있지만 힘이 부족하다면 힘을 덜 쓰고 중심을 잘 잡는 방법을 고민해야 한다. 중심을 잡는 축인 발을 제 위치에 놓으면 내 중심을 잡기 쉽다. 춤출 때 과하게 이동하면, 축이 중심과 먼 곳에 있게 되니 작은 힘에도 쉽게 중심이 무너지기 때문이다. 몸을 이동할 때, 발이 먼저 나가는 게 아니라 몸이 가고 나서 발이 따라가라고 말하는데 이게 몸 중심의 바로 아래에 축을 위치시키는 방법이다. 자신의 중심을 잘 잡는 것은 춤의 기본이지만 가장 어려운 부분이기도 하다.

러시아에서 본 댄서들은 자연스럽게 힘을 덜 쓰고 중심을 잘 잡았다. 그들은 몸에 힘을 잔뜩 주고 추던 나와는 다르게 리더, 팔로워 할 것 없이 우아한 백조처럼 몸을 부드럽게 움직이고 있었다.

러시아의 팔로워들은 리더들이 당긴다고 무작정 따라가지 않았다. 노비스(Novice, 초급) 레벨이라도 리더가 당긴다고 바로 가지 않고 자신의 박자를 지켰다. 바로 따라가지 않는다고 해서 제자리에서 힘으로 버티는 게 아니라, 몸의 일부분은 따라가는 듯 움직이지만 가장 중요한 몸의 중심은 제 박자에 이동했다. 파트너와 별개로 자신의 중심을 제어하는 것이다.

이곳의 리더들은 팔과 손에 크게 힘을 주지 않는데도 어떻게 추라고 하는지 느낄 수 있었다. 상대방이 힘을 덜 주니 나도 자연스레 힘이 빠졌다. 서로 힘을 빼고 움직이니 무리하게 힘을 쓰다 다칠 위험도 줄고 내가 움직이고 싶은 박자에 맞추기가 훨씬 수월했다.

계속해서 힘을 빼고 추다 보니 나중에는 힘을 쓰는 리더와 출 때도 힘을 뺄 수 있었다. 힘만 뺐을 뿐인데 이전과는 다르게 상대방에게 휘둘리지 않고 내 중심을 잡기도 쉬웠다. 내 몸으로 직접 느끼고 났더니 러시아의 팔로워들이 부드럽게 춤추는 모습이 다시 눈에 들어왔다. 처음엔 그 모습이 그저 신기할 뿐이었는데 이젠 조금이나마 이해할 수 있게 됐다.

남에게 휘둘리지 않고 내가 원하는 대로 추기 위해서는 힘을 줘야 할 때와 빼야 할 때를 가려야 한다. '적절하게', '적당히'라는 말은 중요하지만, 항상 어렵다. 춤출 때 힘을 주고 힘을 빼는 것도 적당한 것이 가장 어렵다. 어느 정도가 나에게 적당한지, 다른 사람에게도 적당한지는 계속 추면서 파악하는 수밖에 없다. 시행착오를 겪을 수밖에 없지만 다른 사람들이 말로 설명하는 것보다 몸으로 겪어보는 게 더 빠르다.

다른 사람이 한다고 다 따라 하는 것이 아니라 내가 하고 싶은 춤을 추려면 나의 기준과 중심을 먼저 알고 지켜야 한다. 내 중심은 여기에 있는데 파트너의 중심이 다른 곳에 있다고 무작정 따라가면 안 된다. 운전할 때 앞에 신호가 바뀌는데 앞차가 간다고 무작정 따라가면 안 되는 것과 같다. 나는 나의 신호를 보고, 운전해야 한다.

춤을 추고 싶을 때는 춤을 춰요.
그깟 나이 무슨 상관이에요

　미국에서는 할아버지 할머니가 춤추는 걸 자주 볼 수 있었는데
유럽 이벤트에서는 나이 많은 사람을 보기 어려웠다. 오히려 어
려 보이는 사람이나 아이들을 더 쉽게 볼 수 있었다. 해외 이벤트
에 가면 걸음마도 떼지 않은 아이들도 한 번씩 볼 수 있는데, 춤추
는 부모님이 아이를 어디 맡길 수 없어 데려온 것이다. 이들 중에
는 춤추는 것을 배운 아이들도 있지만, 춤이 뭔지는 몰라도 그냥
흥이 나서 막춤을 추며 즐기는 아이들도 있었다.

　부다페스트에서는 신이 난 아이가 대회 중간에 갑자기 난입한
사건이 있었다. 한창 대회가 진행되던 중 구석에서 구경하던 아
이가 신이 나서 춤추기 시작했고, 주변의 어른들은 아이를 진정
시키려고 애썼다. 대회 중이던 사람들은 춤추면서도 혹시나 아이
가 부딪히진 않을까 걱정스러운 눈으로 힐끔거리며 조심할 뿐이
었다.

　그러다 돌연 아이가 무대 한복판을 가로질러 달려갔고, 아이

의 아빠는 차마 대회를 방해할 수 없어 제자리에서 아이에게 제발 돌아오라는 손짓을 했다. 아이는 돌아오는 듯 달려오더니 다시 반대로 뛰며 온 무대를 휘저었다. 관객은 물론, 대회 중 춤추던 사람들과 뒤에서 차례를 기다리던 사람들의 시선은 아이에게 집중되었다. 심사위원들도 상황이 재밌는지 각자의 채점을 하면서도 아이를 흘끗거리며 보았다. 다행히 곧 대회 음악이 끝났고 진행자가 아이를 뒤쫓아 겨우 무대 밖으로 데려갈 수 있었다. 거의 채점이 끝났을 즈음이라 심사에 크게 방해되진 않았지만, 혹시나 누군가 다치진 않을까 아찔한 순간이었다.

관객들은 어떻게 어린아이가 혼자 무대를 뛰어올 수 있냐며 그 부모를 비난하지 않았다. 관객들이 아이를 바라보는 눈빛은 아주 조금의 걱정, 그리고 호기심과 감탄이 담겨있었다. 무대가 마무리된 다음 진행자의 말로 다른 사람들이 어떤 생각을 하고 있었는지 알 수 있었다.

"대회를 진행한 3.5 커플에게 박수를 주세요. 아니, 6명과 작은 (half) 댄서에게 박수를!"

아이를 따라 무대를 뛰어다니느라 고생했음에도 진행자는 아이나 부모를 탓하지 않았고, 아이를 댄서라고 말했다. 심지어 그 아이가 춤을 춘 게 아니라 뛰어다녔음에도 말이다. 그제야 다른 관객들의 시선을 이해할 수 있었다. 그 아이는 같은 자리에 있던 다른 어떤 댄서보다 많은 관심을 받았고 두려움 없이 무대를 누빈 댄서였다.

외국에서는 어릴 때부터 춤추는 걸 권장하며 장려하는 만큼 어린 댄서들에게도 관대한 것 같다. 그래서인지 어릴 때 춤을 시작하는 아이들도 많고 아이들만 참여할 수 있는 주니어(Junior) 대회[18]도 있다. 아이들끼리 안무를 외워 준비하는 주니어 루틴(Junior Routine)이나 영 어덜트 루틴(Young Adult Routine)[19]도 있다. 혹은 프로인 부모님의 손을 잡고 프로암(Pro-Am)[20] 루틴 을 선보이기도 한다.

아이들의 대회는 어른들이 추는 것보다는 어설프지만, 서투른 동작 하나에도 관객들은 환호를 보낸다. 보는 것만으로도 귀엽고 사랑스럽다는 이유도 있지만, 아이들은 춤을 시작한 지 얼마 되지 않았기에 어설픈 춤이라도 모두가 이해하는 것이다. 잘하는 사람이 잘하는 건 당연하지만 처음 시작한 사람의 시도는 당연하지 않다.

춤을 시작한 사람들이 첫 공연을 할 때도 사람들은 큰 환호를 보낸다. 1~2년 배우고 끝나는 게 아니라 앞으로도 계속 함께 추기를 응원하는 마음도 있다. 또 각자의 처음을 떠올리기도 한다. 모든 게 새롭고 풋풋하던 때니까 실수해도 그럴 수 있다고 관대하게 바라본다. 실수했을 때 자신을 탓하며 괴로워하는 것을 모두 공감하기 때문이기도 하다.

---

18) 주니어(Junior) : 17살 혹은 그 이하여야 참가할 수 있다. 대회를 열기 위해서는 참가 인원이 필요해서 흔치 않지만, 큰 규모의 미국이나 유럽 이벤트에서는 한 번씩 열리는 걸 볼 수 있다.

19) 영어덜트(Young Adult)는 18~23살의 나이 제한이 있다. 랜덤한 파트너와 추는 잭앤질(Jack & Jill)방식은 없고 안무를 외워서 하는 루틴에만 있는 나이 제한이다.

20) 프로암(Pro-Am) : 프로와 아마추어가 파트너로 참가하는 대회. 루틴은 함께 안무를 외워 춤춘다.

원숭이도 나무에서 떨어질 때가 있다고 프로 댄서들도 실수한다. 그저 실수하지 않은 척, 훌훌 털어버리거나 다른 동작으로 바꿔서 티가 덜 나는 것뿐이다.

춤은 그저 몸을 움직이는 것이다. 음악에 맞춰서 움직일 수도 있지만 추고 싶은 대로 출 수도 있다. 무대에서 뛰어다니는 아이도 댄서이고, 실수를 저질렀다고 춤이 아닌 것도 아니다. 그저 춤추고 싶다면 춤추면 된다. 그러면 댄서다. 춤추기 적당한 나이도 없다. 걸을 수 있다면, 몸을 가눌 수 있다면 춤출 수 있다. 그러니 춤을 못 춘다고 두려워하지 말고 일단 시작하면 된다.

● 참고 영상 : Budafest 2023 - Strictly Novice/ Intermediate Finals 아이의 난입-13분 정도

실수해도 괜찮아

부다페스트 이벤트에 참가했을 때, 단체 공연에 참여할 기회가 있었다. 이벤트에 가기 한참 전부터 JT Swing Team[21]에 참가해서 안무를 연습하고 있었는데 마침 같이 준비한 파트너와 함께 이벤트에 갔기 때문이다. 이 안무로는 공연을 시작한 지 그리 오래되지 않았다. 그래서인지 부다페스트에서는 안무를 만든 Jordan, Tatiana와 함께 공연하게 되었다. 잘 추는 사람에게 시선이 가기 마련이니 다른 팀원들에게는 시선이 덜 가는 효과를 노린 듯했다.

나에게는 네 달간 연습해 왔던 안무를 처음으로 사람들 앞에서 선보이는 자리였다. 게다가 부다페스트 행사는 온라인으로도 실시간 중계되었다. 한국에서도 보는 사람들이 있을 거라는 생각에 부담감이 전신을 짓누르는 것 같았다.

---

21) JT Swing Team은 웨스트 코스트 스윙에서 가장 유명한 댄서 커플인 Jordan과 Tatiana의 이름 앞 글자를 따서 만든 팀이다. 한 시즌인 6개월 동안 안무를 외우고 연습해서 공연한다.

나와 내 파트너는 맨 뒤 구석진 자리라 크게 눈에 띄지는 않을 것 같았지만 첫 순서로 입장해야 하는 위치였다. 막상 입장하고 난 뒤에는 바로 옆에서 구경하는 관객이 코앞에 있어서 당황했지만, 심호흡하며 음악이 시작되기를 기다렸다.

그런데 웬걸, 연습했던 음악과 조금 다른 음악이 나왔다. 안무를 연습하면서 처음 춤을 시작하는 부분을 맞추기 어려워 앞쪽에 두 박자 정도가 추가로 들어갔는데 수정되기 전의 음악이었다. 리허설에서는 변경된 이후의 온전한 음악이 나왔는데 본 공연에서는 실수로 이전 음악을 튼 것이다.

그 덕분에 춤추는 사람들은 두 분류로 나뉘었다. 대부분은 음악을 잘못 틀었다는 것을 알지만, 그래도 맞춰야 한다는 생각으로 이전 버전에 맞춰 안무를 시작했다. 이전 음악도 충분히 연습했으니 이 정도는 문제도 아니었다. 하지만 Jordan을 포함한 일부 커플은 음악이 잘못되었다는 것을 알아차리고 춤을 시작하지 않고 음악 변경을 요청했다.

그리고 다시 시작된 음악. 이전 버전의 음악이 다시 나왔다. 이전과 동일한 음악에 비슷한 모습을 보였지만 Jordan이 춤을 시작하지 않았기에, 대체 무슨 이유인지 진행자가 물어왔다. 이전에는 음악을 놓쳐서 다시 시작한 것인 줄 알았던 것이다. 음악이 변경되었는데 이전 버전의 음악이 나왔던 것을 설명했고, 진행자가 상황을 운영팀과 관객들에게 다시 전달했다.

세 번째로 다시 시작된 공연. 드디어 바뀐 음악이 제대로 나오면서 안무를 시작할 수 있었다. 음악이 잘못 나왔던 탓이지만, 음악 변경을 요청하며 조단이 실수한 것처럼 보이는 모습에 부담이 덜어졌다. 앞선 실수에도 사람들이 웃음과 박수로 응원하는데 구석에 있는 내가 실수한다고 큰일이 나지는 않을 것 같았다.

다행히도 연습한 보람이 있는지 거의 모든 동작을 틀리지 않았다. 연습하며 항상 틀리던 동작을 무사히 넘어가고, 이제 모든 고비를 지났다고 생각했다. 잘 되어가고 있다는 생각에 잠깐 긴장을 놓은 탓이었는지 평소에 잘 외웠던 동작을 틀렸다. 당황했지만 티 내지 않고 바로 수습한 뒤 다음 동작을 이어갔다. 허둥지둥하다 다음 동작까지 놓치지는 않았지만 바로 옆에 있던 관객이 내가 틀린 걸 알아차리고 수군대는 것 같았다.

내 실수를 다른 모든 사람이 보진 않았을까 걱정했지만, 안무가 끝나고는 다들 미친 듯이 기뻐하며 날뛸 뿐이었다. 인사를 하고 들어가는 과정도 설명하지 않아서 다들 부둥켜안고 방방 뛰다가 슬금슬금 무대 뒤로 들어갔다.

공연이 끝나자마자 라이브로 중계된 영상을 보던 사람이 녹화본을 공유했다. 그리고 영상을 본 사람들은 모두 잘했다며 칭찬을 아끼지 않았다. 내 실수가 보이지 않았냐고 물었지만, 알아차린 사람은 아무도 없었다. 공연 영상을 다시 봐도 틀린 동작을 찾을 수 없어서 내가 틀린 게 착각이었나 싶었다.

영상을 보니 다른 사람의 실수가 보이긴 했지만, 그 순간에도 관객들은 개의치 않았다. 안무를 잘 모르기 때문일지도 모르겠다. 관객들에게는 어느 정도의 오차 정도로 보이는 동작들인지, 그저 멋진 춤을 보았다고만 했다. 내 실수는 나에게는 아주 큰 실수였지만 실제로는 실수인지도 모르는 아주 작은 무언가에 불과했다.

만약 내가 모든 안무, 혹은 대부분의 안무를 틀렸다면 왜 저렇게 못 했냐며 손가락질을 받았을 것이다. 하지만 한두 가지의 작은 실수는 내가 했던 노력을 없던 것으로 만들지는 않았다. 여태 흘린 땀과 노력으로 작은 실수 정도는 가릴 수 있었다.

안무를 외워 단체공연을 몇 번 해봤지만, 그중에서 단 한 번도 실수하지 않은 공연을 손에 꼽을 정도다. 처음에 공연에서 실수했을 때는 내 실수가 공연을 망쳤다고 생각했다. 실수를 몇 번 반복하고 나서는 실수가 무서워 공연하는 게 무서웠다. 하지만 시간이 지나 사람들에게 물어봤을 때, 그때의 실수를 기억하는 사람은 아무도 없었다.

내 실수는 나만 기억하고 다른 사람들은 기억하지 못한다. 심지어 영상에 뻔히 보이는 것임에도 사람들은 실수보다 잘하고 멋진 장면을 기억한다. 만약 누군가의 실수를 기억했다면 그건 오히려 그 실수가 멋진 장면이라 기억하는 것일 수도 있다. 그런 점에서 한 번씩 나에게 주문을 외운다. 실수해도 괜찮아.

● 참고 영상 : JT Swing Teams – Varsity – Budafest 2023 (앞서 실수한 부분은 편집되었다)

환호성 대신 쿠션을 던져요

부다페스트 이벤트는, 다른 곳과는 다른 특별한 룰이 있다. 대회에서 한 커플씩 춤을 선보일 때[22] 인상적이거나 감탄하며 본 춤에는 보통 박수갈채와 환호를 보내는데, 부다페스트에서는 쿠션을 던진다. 행사장에서 미리 준비한 것으로 부다페스트라는 이벤트 명이 쓰인 쿠션이다.

원래는 모든 대회 중에서도 본선에서 한 커플씩 추는 경우, 잘 추는 사람들에게 던지는 것이 주최 측의 의도였다. 하지만 쿠션이 예쁘기도 하고 기념으로 가지고 싶은 사람들이 많아지면서 다들 쿠션을 던지지 않고 챙기는 것이 문제가 됐다.

결국 보다 못한 진행자가 부다페스트의 멋진 문화를 위해 쿠션을 사용해 달라며 읍소해야 했다. 쿠션을 던지길 바라며 이백여

---

22) 결승에서 한 커플씩 나와 한 곡 동안 춤추고 이를 평가하는 것을 스팟라이트(Spotlight) 형식이라고 부른다. 시간이 부족하다면 한 곡 동안 두 커플이나 세 커플씩 나와서 추거나 한 커플당 30초씩 추고 다음 커플이 이어서 추는 잼(Jam) 형식으로 춘다. 일반적으로 초급(Novice)이나 중급(Intermediate) 레벨은 모든 커플이 한 번에 추는 올스케이트(All-Skate) 형식으로 진행한다.

개의 쿠션을 준비했는데 전날 나눠준 백여 개의 쿠션은 이미 사람들이 방으로 가져간 지 오래였다. 쿠션을 갖고 싶어 하는 사람들을 설득하기 위해 진행자가 공수표를 던졌다. 쿠션을 던지면 가능한 던진 곳으로 다시 돌려주겠다는 약속과 함께 쿠션을 가져올 시간을 주고서야 하나둘 쿠션을 챙겨 왔다. 그 뒤로는 잘 추는 사람에게 한둘씩 쿠션을 던지는 모습을 볼 수 있었다. 날아드는 쿠션을 보니 베개 싸움이 연상되어 파자마 파티에 참여한 듯했다.

처음에는 한 사람만 계속 쿠션을 던져서 모두가 던지는 분위기를 만들기 위해 진행자가 심은 바람잡이인 줄 알았다. 하지만 진행자도 같은 사람에게 쿠션을 돌려주는 걸 귀찮아하는 모습을 보고 아니라는 것을 깨달았다. 여러 번 반복한 뒤에는 진행자가 쿠션을 발로 차서 돌려주거나 다른 곳으로 던지는 척하며 일부러 던지는 거냐며 농담을 던지기도 했다. 다행히도 비공식적인 바람잡이 덕분에 다른 사람들도 점차 쿠션을 던지기 시작했다.

마지막 행사로 인비테이셔널 잭앤질(Invitational J&J)[23]이 진행될 즈음, 감탄한 춤에는 모두가 쿠션을 던졌다. 바닥에 앉아서 무릎이나 엉덩이 아래에 깔고 앉아있던 사람들도 꼼지락대며 쿠션을 빼서 던지는 모습이 마치 '귀찮지만 이 정도 춤이면 인정할 만하지'라고 하는 듯했다.

춤을 추고 나서 쿠션을 받은 사람들은 대부분 쿠션을 다시 돌려

---

23) 인비테이셔널 잭앤질(Invitational J&J) : 초대받은 사람들끼리 하는 잭앤질. 대부분은 챔피언(Champion) 레벨의 댄서를 초청하지만 대회에 따라 올스타(All-star)나 더 낮은 레벨을 초청하는 경우도 있다.

졌지만, 너무 많이 던져진 탓에 어디서 온 것인지 모르니 대충 던
졌고, 가끔은 챙겨 가기도 했다. 그 쿠션은 다음 커플의 춤을 보고
감탄했을 때 다시 던져지거나 무대가 끝나고 그대로 사라졌다.

처음 진행자의 약속과는 달리 워낙 많은 쿠션이 여러 사람의 손
을 거친 덕분에 마지막 곡 직전에는 내 손에도 쿠션이 하나 들어
왔다. 꼭 던져보고 싶다고 생각했는데 막상 쿠션을 손에 넣으니
갖고 싶다는 욕심도 생겨 던져야 할지 가져야 할지 갈등이 생겼
다. 마지막 곡은 모든 커플이 함께 춤을 춰서 쿠션을 어디에 던져
야 할지도 애매하다는 생각에 쿠션을 던지지 못했다.

처음에 사람들이 쿠션을 던지지 않고 숨기거나 갖는 걸 보고,
사람들의 욕심 때문에 문화가 사라지는 거라고 비난했다. 영상으
로 보던 쿠션 던지기를 볼 수 없어서 아쉽다고 생각했는데 막상
쿠션이 손에 들어오니 받은 사람들의 마음이 이해됐다.

감탄하고 응원하는 마음과 쿠션을 갖고 싶다는 욕심. 어느 쪽이

더 큰 마음이냐에 따라 쿠션의 위치가 달라진다. 초중반쯤까지
는 쿠션을 던져도 다시 나에게 돌아온다는 약속을 믿었지만, 뒤
로 갈수록 지켜지지 않는 약속을 보고 믿음을 잃었다. 손에 들어
온 행운을 놓치고 싶지 않아서, 응원으로 돌려주고 나면 다시 행
운이 돌아오지 않을까 던지지 않고 쥐고 있던 것이다.

쿠션은 조금의 편안함과 기념품으로서의 가치도 있다. 불편한
자세로 오랫동안 바닥에 앉아 무대를 보는 사람들은 조금이라도
편하게 보기 위해 쿠션을 사용하고, 이벤트가 좋아서 뭐라도 기
념하기 위해 가지려는 사람도 있다. 쿠션이 환호성을 일부 대체
할 수 있는 만큼 응원의 역할을 조금 더 강조했던 진행자의 방법
도 괜찮았지만, 쿠션이 더 많았다면 쿠션의 가치가 낮아져서 욕
심을 내려놓기가 더 쉬워지지 않았을까.

같이 추면서
내 장점 더하기

부다페스트는 챔피언 잭앤질(Champion Jack & Jill)이 아니라 인비테이셔널 잭앤질(Invitational Jack & Jill)을 했다. 잘 추는 사람들의 레벨로 나눠 대회를 진행하는 게 아니라 초대받은 사람들끼리 잭앤질을 한 것이다. 레벨별로 묶인 것이 아니기에 공식적인 점수가 기록되지도 않고, 순위를 평가하지도 않는다. 따지자면 친선경기에 가깝기에 더 부담 없이 다양한 시도를 하기도 한다.

부다페스트에서는 컨트리, 디스코, 틱톡, 새로운 음악으로 지정된 장르 중 원하는 카테고리를 선택하면 나올 음악을 미리 들어 볼 수 있었다. 앞부분을 짧게 들어보고 이 음악에 출 것인지를 결정하는 것이다. 임의의 파트너를 뽑고 나서 같이 음악을 들을 때, 둘 다 모르는 음악이라면 빠르게 다른 음악으로 넘어갔지만, 한 명은 잘 알고 있고 자신 있다면 설득을 시도하기도 했다.

Ben과 Emeline이 파트너가 되고, 처음 틀어준 음악으로

⟨YMCA[24]⟩가 나왔을 때 둘 다 어색한 표정이었다. Emeline은 팔을 뻗어 몸으로 Y, M, C, A를 만들어 아는 음악인가 싶었다. 하지만 자신 있는 표정이 아니라 왠지 모를 오묘한 표정 때문에 진행자가 괜찮냐며 물어봤다. Emeline은 YMCA를 들었을 때, "Why I'm CA?"로 듣고 CA가 뭔지, 음악은 무슨 의미인지 이해할 수 없다고 했다. 결국 이 음악은 둘 다 표현하기 어렵다고 봤다. 다음으로 나왔던 음악은 ⟨Billie Eilish⟩였는데 Emeline이 나쁘지 않다는 표정을 보여 이 음악으로 결정했다.

Emeline은 팔다리가 가늘고 긴 편이라 조금만 움직여도 어떤 동작을 하는지 알기 쉬운데, 특히 물 흐르듯 부드럽게 움직이는 동작 등이 돋보인다. Ben은 음악을 잘 듣고 파트너를 잘 따라 한다. 파트너가 새로운 동작을 보여주면 어색해도 그 동작을 따라 하거나 파트너를 돋보이도록 받쳐주는 센스가 뛰어나다.

이 무대에서는 중간에 Emeline이 Ben의 앞에 서서 뒤로 기대며 박자에 맞춰 상체를 눕혔다가 천천히 일어났는데 이후, Ben이 비슷한 동작을 따라 했다. Emeline의 앞에 서서 뒤로 기댔다가 음악에 맞춰 번쩍 일어났다. 파트너가 독특한 동작을 했을 때도 이를 잘 따라 하고, 음악에 기가 막히게 맞춘다는 점은 Ben만의 독보적인 장점이다.

가장 감탄하며 봤던 무대는 Semion과 Tatiana의 춤이었다.

---

24) ⟨YMCA⟩음악은 개신교 청년 모임을 의미하며 가사 내용도 YMCA에서 운영하는 쉼터 서비스를 소개하고 청년들을 응원하는 내용이다.

Tatiana는 챔피언 중에서도 남다르게 미친 것 같은 춤을 많이 추는 걸로 유명하다. 이들이 선택한 〈Toxic Pony〉는 틱톡에서 섹시한 춤으로 챌린지를 많이 하는 음악이다. 이 음악을 듣자마자 Tatiana가 한 일은 묶었던 머리를 풀어 헤친 것이었다. 뒤에서 그 모습을 본 사람들은 의자 하나를 무대 중간으로 옮겼고, 이어 Tatiana는 Semion의 아내인 Maria에게 미리 사과했다.

Semion이 의자에 앉아있는 상태로 음악이 시작되었고, Tatiana는 의자 아래를 지나 Semion의 다리를 벌리며 지나가는 것으로 춤을 시작했다. 의자에 앉아있는 Semion의 바로 앞에 서서 섹시한 춤을 보여주다가 Semion에게 손을 뻗어 목을 잡고 돌며 이게 바로 유혹이라는 걸 보여주었다. 사냥감 주변을 배회하는 사자처럼 의자 주변을 돌다가, 의자 위로 올라가서 다리를 돌려차며 운동 같은 동작을 하기도 했다.

Semion의 다리 아래로 림보하듯 넘어가다가 얼굴이 다리 중간에 살짝 걸리며 청소년 관람 불가 같은 상황이 0.5초간 벌어져서 이후에 춤추다가 Maria에게 사과하는 손동작을 보이기도 했다. 마지막에는 Tatiana의 몸을 뜀틀처럼 뛰어넘기도 해서, 내가 보는 게 춤이 아니라 묘기인가 싶었다. 2분도 안 되는 짧은 시간 동안 상상하기도 힘든 동작을 잔뜩 보여준 덕분에 누구보다 많은 쿠션[25]을 받았다.

리더와 팔로워의 인원이 동일하지 않아서 한 팔로워는 두 명의

---

25) 부다페스트에서는 환호성과 박수 대신 쿠션을 던지기도 한다. "환호성 대신 쿠션을 던져요"편 참고.

리더와 춤을 췄다. 한 번 더 추는 사람을 결정하는 것도 뽑기로 했는데, Victoria가 두 번 추게 되었다. Victoria는 리더가 춤을 이끄는 걸 방해하지 않으면서 음악을 최대한 몸으로 표현하는 팔로워다. 음악에 딱 맞춘 것 같은 동작을 볼 때면 음악을 가지고 논다고 느껴진다. 힙합을 배웠던 덕분인지 힙합 느낌으로도 잘 추고, 어릴 때부터 춤을 춰서 몸도 유연하다.

Olivier와 출 때는 유연함이 돋보였다. 거의 90도 각도로 허리가 뒤로 꺾이며 시작했는데 Olivier는 그 동작을 따라 하다가 절반도 못 가 허리를 짚으며 포기했다. 대신 춤추는 중간에 다리를 180도로 만들며 유연함을 자랑했다. 의도해서 보여주려던 것보다는 미끄러지며 자연스레 다리가 벌어진 것이었지만 그 모습을 본 Victoria는 다음에 이어지는 동작에서 파트너의 동작을 따라 했다. 제자리에서 다리를 벌린 상태에서 순차적으로 내려가더니 자신의 힘으로 일어났다가 다시 앉으며 한 번에 다리를 180도로 만들었다.

Thibault와 출 때는 음악 한 곡에서 강조할 수 있는 모든 부분을 몸으로 표현했다. 〈Jiggle Jiggle〉은 강조할 수 있는 부분이 매우 많았는데도 모두 표현했다는 게 대단했다. 그저 부드럽거나 박자만을 맞추며 예쁘게 춤추는 게 아니라 때로는 가사를 듣고 때로는 악기 소리나 박자를 표현하며 할 수 있는 모든 순간마다 몸을 써서 표현했다. 그런데도 과해 보이지 않고 전체적인 춤을 해치지도 않았다. 매 순간 큰 동작으로 음악을 표현한 게 아니었기 때문이다. 가볍게는 어깨춤을 추거나, 발을 평소보다 높이 들며 박자를 표현한다거나 자연스럽게 이어지는 동작들 사이사이에 새로운 움직임들을 추가한 것뿐이었다. 그런데 그 동작들이 모두 음악에 딱딱 들어맞으니, 음악을 가지고 논다는 생각이 들었다.

이렇게 각자의 장점이라고 할 수 있는 부분을 파트너 댄스에서 보여주니 모두가 남들과는 다른 춤이 되었다. 어떤 음악이 나올지 안다고 해도 임의로 뽑은 파트너와 즉흥적으로 춤추니 항상 같은 춤을 추지는 않지만, 나만의 무언가를 더한 춤과 아닌 춤은 확연히 다르다. 만약 앞에서 췄던 Tatiana나 Emeline, Victoria가 자기만의 특징 없이 그저 리더가 하라는 대로만 춤을 췄다면 재미없는 춤이 되었을 것이다.

자신만의 장점은 계속 춤추다 보면 자연히 알게 된다. 아무것도 하지 않고 상대방이 하는 대로만 따라 하는 게 아니라 뭐라도 시도하다 보면 내가 춤의 어떤 점을 좋아하고 잘하는지 알게 되는 것이다. 어떤 장르의 음악에 잘 추는지, 가사를 듣는지 박자를 듣는지에 따라 더 잘 표현할 수 있는 부분도 생긴다. 그렇게 잘 출 수 있는 부분이 생기면 누가 시키지 않아도 자연스럽게 보여줄 수 있다.

● 참고 영상 : (왼) Ben & Emeline "Billie Eilish" – Invitational Jack&Jill Budafest 2023 / West Coast Swing / (오)

Semion & Tatiana – Invitational Jack&Jill Budafest 2023 / West Coast Swing

(왼)Olivier & Victoria "Unholy" – Invitational Jack&Jill Budafest 2023 / West Coast Swing / (오)Thibault &

Victoria "Jiggle Jiggle" – Invitational Jack&Jill Budafest 2023 / West Coast Swing

여행 사진 대신
영상 남기기

　부다페스트는 작은 도시였지만 구경할 곳은 많았다. 이벤트 일정은 목요일 늦은 저녁부터 월요일 이른 아침까지로, 모든 일정에 참가하면 그동안 관광을 다닐 시간은 거의 없었다. 틈틈이 구경 다닐 시간도 없을 거라고 예상한 나와 일행은 관광을 위한 일정을 미리 계획했다. 조금 일찍 도착하는 비행기표를 끊고, 도착하자마자 짐만 던져두고 바로 관광을 가기로 한 것이다.

　그날 일정은 하루 만에 부다페스트 시내의 유명한 관광지를 한 바퀴 도는 것이었다. 시내가 그렇게 크지 않은 덕분에 카페와 바에서 쉬면서도 충분히 한 바퀴를 걸어서 돌아다닐 수 있었다. 관광이 주된 목적이었지만 배경이 멋진 곳에서는 기념으로 춤 영상을 남기고 싶었다. 일부러 맞춘 건 아니었지만 관광 인원은 리더 두 명과 팔로워 세 명으로 돌아다니면서 춤추기에 적당한 비율이었다.

　도착하자마자 쉬지도 않고 돌아다닌 탓에 겔러트 힐(Gellert

Hill)[26] 에 오른 직후에는 바로 숙소로 돌아가고 싶은 마음이 굴뚝같았다. 하지만 헝가리를 둘러볼 수 있는 일정이 없었기에 어쩔 수 없이 아껴둔 체력까지 써야만 했다. 도시의 풍경을 구경하다가 지쳐 카페를 찾았지만, 마땅한 곳이 없었다. 조금이라도 쉬었다 가자며 부다성 앞의 벤치에 앉았다. 널찍한 광장에 가끔 지나가는 트램, 아름다운 부다성과 다뉴브강이 양옆에 있었다. 가만히 앉아만 있어도 마음이 평화로워지는 풍경에, 여기가 영상을 찍기 좋은 장소라는 생각이 들었다.

다들 말은 힘들다고 하면서도 춤 영상을 찍자고 하니 지친 다리를 일으키는데 거리낌이 없었다. 춤출 사람과 영상을 찍을 사람을 나누고 적당한 음악을 골라서 틀었다. 바닥이 미끄럽지 않아

---

26) 겔러트 힐(Gellert Hill) : 다뉴브 강과 함께 부다페스트 시내를 내려다 볼 수 있는 작은 언덕.

서 매끄럽게 돌 순 없었지만, 스텝을 밟으며 천천히 춤출 순 있었다. 다행히 지나가는 사람이 없어서 우리끼리 춤추며 기념사진과 영상을 잔뜩 남길 수 있었다.

부다성을 지나 어부의 요새까지 느긋하게 이동해서 야경을 보기 위해 돌아다니다가 바(Bar)에서 쉬면서 한참 기다렸다. 해가 지자마자 강 건너로 보이는 국회의사당에 점차 불이 들어왔다. 나중에는 해가 아래에 있는 것처럼 조명이 밝아져서 춤 영상을 찍기 좋았다.

어부의 요새에서 관광객들이 흔히 남기는 사진은 국회의사당이 잘 보이는 난간에 걸터앉아 아련한 눈빛으로 먼 곳을 응시하는 모습이다. 강 너머로 밝은 빛을 뿜어내는 국회의사당과 어부의 요새 바로 아래에서 쏘는 조명으로 인해 카톡 프로필로 쓰기 적당한 사진을 건질 수 있다.

하지만 우리는 댄서이기에, 그런 흔한 사진보다 더 특별한 영상을 남겼다. 어부의 요새에서 부드럽지만, 역동적으로 춤추며 움직이는 인물들과 요새 사이사이로 보이는 국회의사당을 볼 수 있다. 영상에서 괜찮은 장면은 사진으로도 뽑을 수 있으니 일부러 다양한 각도로 움직이며 영상을 찍었다.

내가 댄서이고 다른 댄서들과 함께 여행을 다닌다면 항상 바라는 점은 멋진 배경을 뒤로하고 춤추는 영상을 찍는 것이다. 부다페스트는 오래전에 지어진 유럽 건축물들이 현대적인 조명과 함께 어우러져 로망을 충족하기에 완벽한 조건을 갖췄다. 이런 곳에서 나만의 사진과 영상을 남기면 다른 사람들보다 훨씬 특별한 것 같아 만족스럽다. 고정 파트너가 없으면 언제 어디서나 항상 춤출 수 있는 것은 아니지만, 댄서들과 여행을 갈 때면 원하는 곳에서 그 순간의 춤을 기록할 수 있다는 게 좋다.

6장
댄서들이 노는 방법

댄서들이 노는 방법은 이벤트를 제외하면 소풍, MT, 여행 등 여느 사람들과 크게 다르진 않다. 춤 자체가 댄서들에게는 놀이라는 것, 그리고 모든 노는 것들에 춤을 더할 수 있다는 것이 다를 뿐이다.

더 재미있게 춤추기

댄서들이 노는 방법으로 가장 대표적인 것은 역시 춤이다. 물론 같은 춤이라도 춤을 어떻게 추는지, 즐기는 방법에도 여러 가지가 있다.

춤추는 게 일하는 것도 아닌데 시종일관 같은 동작만 반복하면 그리 재미있지는 않다. 그래서 다들 다양한 패턴을 배우고 여러 패턴을 섞어서 춤을 춘다. 하지만 패턴으로만 춤을 이어가도 결국 의미가 없다는 생각이 들면서 질리게 된다.

각자 춤에서 재미를 찾는 부분은 다르지만, 처음에 나는 다른 사람에게서 재미를 찾았다. 어느 날엔가 항상 무표정하던 사람이 춤추다가 웃는 걸 발견했다. 그리고 재치 있는 춤으로 상대방에게 웃음을 줄 수 있는 것을 깨닫고 이걸 목표로 삼게 되었다. 춤추다가 상대방이 웃으면 남에게 웃음을 주었다는 생각에 뿌듯함이 가슴을 채웠기 때문이다.

춤출 때 우리는 실수해도 멋쩍은 웃음을 짓지만, 기발한 아이디어로 음악을 몸으로 표현하면 그걸 보고 참신하다며 웃는 경우가 많다. 특히나 외국인들과 춤출 때는 이런 동작을 하면 웃음에 더해 "Nice!"라며 감탄과 칭찬도 아끼지 않는다. 지금의 목표는 다르지만, 아직도 파트너에게 웃음을 주고 칭찬을 듣는 걸 좋아한다. 이제는 내가 재미있어서 이것저것 다양하게 표현하고 항상 다른 춤을 추려고 노력하고 있다.

항상 새로운 춤을 추는 방법은 음악을 듣는 것부터 시작한다. 음악을 듣고 나면 그 가사나 박자를 어떻게 몸으로 표현할지 생각하고 지금 파트너와 연결된 상태에서 그 표현을 어떻게 할 수 있을지를 다시 고민한다. 똑같은 음악에 똑같은 파트너와 다시 춤을 춘다고 해도 내가 표현하려는 부분에 항상 같은 동작이 아니기에 이어지는 표현도 다를 수밖에 없다. 이런 차이만으로도 다른 춤이 된다.

개인적으로 선호하는 방법은 음악의 가사에 맞는 동작을 추가하는 것이다. 전체 가사를 다 알 필요는 없다. 아는 몇 가지 단어, 춤으로 표현하기 쉬운 단어만 집중해서 들어도 충분히 재미있는 표현을 할 수 있다.

예를 들어 "Love"라는 단어 혹은 "I Love You"라는 가사를 듣는다면 엄지손가락과 검지손가락으로 K-하트 모양을 만들어 상대방에게 보여줄 수 있다. 파트너와 음악을 같이 듣고 있다면 각자 팔 한 쪽씩을 머리 위로 들어 큰 하트를 만드는 일도 가능하다.

가사에 "dance"라는 표현이 나오는 경우도 많다. 이 단어를 듣고 그 타이밍에 춤추는 동작을 추가할 수 있다면 훨씬 재미있는 춤이 된다. 웨스트 코스트 스윙을 추고 있으면서 또 다른 춤을 보여주는 셈이니 말이다. 손을 머리 위로 들고 몸을 흔들거나, 무릎을 잡고 엉덩이를 흔드는 트월킹(Twerking), 혹은 파트너와 잡고 있지 않은 팔다리를 이용해서 춤추는 것도 가능하다.

"down"이라는 가사가 나올 때 앉고 "up"이나 "jump"에는 뛰거나 발끝을 들어 올리는 등 직관적으로 표현하는 방법도 많다. 하지만 더 재미있는 것은 주관적인 표현을 자체적으로 해석해 보는 것이다. 사람들이 흔히 시도하지 못하는 가사를 몸으로 표현했는데 파트너가 알아봤다면 그것만으로도 성공한 표현이다. 생각하는 것부터가 난관이긴 하지만 가끔은 번뜩이는 아이디어가 튀어나오기도 한다.

내가 해본 아이디어는 저스틴 비버의 〈Love yourself〉에 나오는 "Love yourself"라는 가사였다. "너는 너만 사랑하지"라는 의미지만 반대로는 "나를 사랑하는 나"라는 생각이 들었다. 이걸 어떻게 몸으로 표현할 수 있을까 고민하다가 춤추는 중간에 오른손을 들어, 내 머리를 쓰다듬었다. 그리고 그걸 본 리더는 처음에는 무슨 동작인지 이해하지 못해서 머리 위에 물음표가 떠 있었다. 그래서 다음에 같은 가사가 나올 때, 한 번 더 했더니 그제야 의미를 깨닫고 웃음을 참지 못했다.

이런 간단한 단어를 표현하는 것도 나만의 새로운 춤을 만드는 것이라고 할 수 있다. 그 외에도 파트너와 친하다면 음악을 들으며 좀 더 적극적으로 장난을 칠 수도 있다. "Please don't go"라는 가사가 나올 때, 상대방을 잡은 한 손에 다른 손을 겹치며 가지 말라는 애절한 표현을 할 수 있다. 친하지 않아도 무릎을 꿇고 비는 척은 할 수 있지만, 친한 사이에서는 가지 말라며 멱살을 잡고 당길 수도 있다. 당연하지만 친분이 없는 사이에서는 무례하다는 생각이 들어 시도하기 어려운 동작이다.

가사를 표현하는 방법 외에 리더들이 장난치는 방법도 있다. 리더들은 주로 패턴을 변형시켜서 장난을 치는데, A 패턴인 척하면서 B 패턴을 시도하거나 반복되는 음악이라는 핑계로 같은 패턴을 계속 반복하기도 한다. 다만 같은 패턴을 반복하는 경우, 계속해서 팔로워가 도는 동작이라면 어지러워하거나 힘들어할 수 있으니 친하거나 잘하는 사람에게 시도하는 게 좋다.

다른 사람이 했던 표현 중 인상 깊었던 동작들은 기억했다가 다음에 다시 써먹기도 하면서 점점 더 많은 표현을 할 수 있게 된다. 이렇게 같은 음악이라도 음악을 남다르게 표현하면 평범했던 춤도 유쾌하고 특별해질 수 있다.

● 참고 영상 : 챔피언도 장난을 친다. Jordan&Nicole

생일축하해요 댄스,
만나서 반가우면 댄스,
헤어질 때 또 만나요 댄스

웨스티 코리아[27]에서는 반가움과 축하를 춤으로도 표현한다. 매달 생일을 맞은 사람들은 생일 잼(Birthday Jam)이라는 이름으로 다 함께 춤추며 생일인 사람을 돋보일 수 있도록 춤춘다. 이는 다른 지역의 웨스티[28] 커뮤니티에서도 하는 행사다.

이 외에도, 다른 지역에서 놀러 온 댄서들을 반갑게 맞이하며 그날은 웰컴 잼(Welcome Jam)이라는 이름으로 춤추고, 같은 커뮤니티에서 오랫동안 있다가 다른 곳으로 이사 가는 사람은 굿바이 잼(GoodBye Jam)이라는 이름으로 춤을 춘다. 웰컴 잼에서는 누가 새로 왔는지 이름과 국가 등의 간단한 소개를 함께해서 보다 쉽게 말을 붙일 계기가 된다. 굿바이 잼에서도 이 사람이 곧 떠난다는 걸 얘기하기에 춤을 춘 이후로 마지막 인사할 시간이 생긴다.

---

27) 강남에 있는 웨스트 코스트 스윙 커뮤니티

28) 웨스티(Westie) : 웨스트 코스트 스윙을 추는 사람을 부르는 말.

대회에서 치러지는 잼 방식은 한 곡에서 여러 커플이 각자 30초씩만 추고 다음 커플로 넘어가는데, 생일 잼 등에서는 축하나 환영받을 대상은 계속 춤추고 파트너가 계속 바뀐다. 생일 잼은 한 사람과 춤추는 시간이 정해져 있지 않지만, 한 곡에 여러 명과 추기 때문에 보이지 않는 제한 시간이 있다. 주인공이 팔로워인 경우, 리더들이 적당히 끼어들고, 반대로 주인공이 리더인 경우 알아서 패턴을 몇 개쯤 하다가 다음 사람과 춤을 춘다.

리더들이 춤을 리드하는 역할이기에 대부분은 리더들이 적극적으로 나서서 끼어들게 된다. 하지만 팔로워도 원하면 중간에 끼어들 수 있다. 생일 잼은 스틸링과 비슷하지만 달라서 춤추는 사람들 모두가 다음 사람을 생각하며 춤을 춘다.

스틸링의 한 가지 예시로, 춤추는 사람을 리더 A와 팔로워 B라고 할 때, 팔로워 C가 끼어들려고 한다. 끼어들려는 C가 B의 어깨를 양손으로 잡고 비슷한 동작을 따라 하고 있으면 이것만으로 스틸링의 기본 동작이 된다. 그러면 A가 리딩을 하며 손을 위로 들었을 때, B가 A를 지나가면서 B 뒤로 C가 지나가고, 팔로워들이 뒤를 돌면 자연스레 C가 B의 자리를 대체하게 된다. 패턴에 따라 스틸링 하는 방식이 조금 다르지만 이와 비슷한 방법으로 다른 사람의 춤에 끼어들 수 있다.

생일 잼, 웰컴 잼, 굿바이 잼은 모두가 참여하지만, 지켜보는 사람들도 많아서 처음엔 앞에 나가는 게 부담된다. 처음에는 춤에 자신이 없어서 다른 사람들이 못 춘다고 욕하는 게 아닌가 싶어

걱정이 앞섰지만 겪어보니, 비난하는 사람은 없었다. 함께 춤추기 위해 나온 사람들은 춤 실력 여부를 떠나 축하하고 환영하고 같이 놀고 싶어 줄을 선 것이기 때문이다. 이 행사가 댄서들의 환영하는 방법이자 축하하는 방식이라는 사실을 이해하고 나서는 춤에서도 애정이 느껴지는 듯했다.

해외의 커뮤니티에서는 생일 잼은 해도 웰컴 잼이나 굿바이 잼은 흔하지 않았다. 새로 오거나 떠나는 사람이 흔해서인지, 굳이 다른 사람을 챙기지 않는 문화 때문인지는 모르겠다. 해외 소셜에 몇 번 가서 인사도 했지만 웰컴 잼을 하거나 한국만큼 반겨주는 곳은 드물었다. 외국인들이 한국 커뮤니티를 좋아하는 이유에 따뜻하게 맞아준다는 점이 항상 꼽히는 것은 이런 문화 때문일지도 모르겠다.

● 참고 영상 : 웨스티 코리아의 생일잼

전 세계 댄서들과
같은 날 같은 춤

　매해 9월 첫째 주 토요일은 전 세계 모든 웨스트 코스트 스윙 댄서들과 함께 같은 춤을 추는 날이다. 예전에는 플래시몹이라고 했지만, 지금은 인터내셔널 랠리(International rally WCS)라고 부른다. 프랑스의 댄서인 Olivier & Virginie Massart가 주도하여 5월에 안무 영상을 올리면 모든 댄서가 연습하고 외워서 같은 날 춤추며 영상을 찍는다.

　랠리 영상이 5월에 올라오면 6월부터 매달 강습을 진행하며 안무를 외우게 된다. 밖에서도 출 수 있어야 하고 많은 사람이 참가하기 때문에 안무는 그리 어렵지 않다. 춤을 시작한 지 오래되지 않았어도 연습하면 충분히 소화할 수 있다.

　평소에 춤추는 소셜 댄스와는 다르게 안무를 외워야 해서 같이 연습하는 파트너와 함께 합을 맞추면 수월하게 외울 수 있다. 고정 파트너가 없어도 연습은 할 수 있지만, 미리 정하지 않으면 당일에 낙동강 오리알이 될 수 있다. 이런 상황을 피하려면 당일에 함께 춤출 파트너는 미리 정하는 것이 좋다.

웨스터 코리아는 강남에 있는 커뮤니티로 랠리 장소는 강남역이 주 무대가 되었다. 통행에 방해되지 않으면서도 많은 댄서가 춤출 수 있는 공간은 강남역 사거리가 적합했다. 10분 안에 짧게 춤추고 사라질 예정이었지만 혹시나 아는 사람을 마주칠까 봐 선글라스도 착용했다. 지금 다니는 회사에서는 취미를 장려하는 편이라 춤밍아웃[29]을 했지만, 이때는 춤을 춘다고 하면 일은 안 하고 춤바람이 났다는 등 색안경을 쓰고 바라보는 게 두려웠기 때문이다. 다들 비슷한 생각이었는지 이때는 햇빛이 강하지 않아도 유독 선글라스를 쓴 사람이 많았다.

많은 사람이 지나가는 길 한복판에서 춤을 춘다는 게 부끄럽기도 했지만, 다수의 댄서 사이에 숨으니 한결 부담이 덜했다. 춤을 마치고는 마치 아무 일도 없었던 것처럼 뿔뿔이 흩어졌다. 플래시몹이 갑자기 사람들이 나타나서 슬며시 사라지는 것이 콘셉트이기에 안무도 이에 맞춰져 있다. 시작할 때 파트너의 손을 잡고 서서 기다리는 게 아니라, 지나가던 사람이 갑자기 등장해서 춤추다가 음악이 끝나면 유유히 사라지는 것이다.

이렇게 한번 외운 안무는 모두의 기억에 남아있어 다른 행사나 외부 공연 등에서 한 번씩 활용하고, 찍은 영상은 각 지역에서 유튜브에 올리고 끝난다. 예전에는 이 영상을 모두 모아서 하나로 만들기도 했는데 커뮤니티가 너무 많은 탓인지, 이제는 각 지역에서 알아서 올리고 따로 합치지는 않는다.

---

29) 춤+커밍아웃 : 춤춘다는 사실을 주변 사람 또는 회사 사람에게 공개하는 것.

162

2017년에는 세계 곳곳에서 지역별 관광 명물 혹은 춤을 출만한 큰 광장 근처에서 찍은 영상을 모두 합쳤는데 무려 41개국 246개 도시에서 참가했다. 246개 도시의 영상을 모두 더하면 영상마다 3초씩만 계산해도 12분이다. 서울처럼 한 도시에 두 개 이상의 커뮤니티가 있다면 영상도 두세 개 보냈을 테니 대충 잡아도 15분 이상의 결과물이 나온다. 실제로 편집된 영상은 18분이 넘었다.

　알파벳 순서로 정렬된 도시 이름들을 보고 있으면 어느 도시에 같은 춤을 추는 댄서들이 있는지 알 수 있어 여행 계획에 참고해야겠다는 생각도 든다. S로 시작하는 도시 중에는 서울도 포함되어 강남역 사거리에서 찍은 영상을 볼 수 있었다. 한국 국기와 함께 아는 사람들이 나온 걸 보니 괜히 반가웠다.

　한 번은 들어봤을 법한 대도시부터 처음 들어본 도시의 이름까지 전 세계가 함께 한 듯했다. 이제는 영상 하나로 한 번에 볼 순 없지만, 다른 영상과 SNS를 통해 나와 같은 춤을 춘 사람들이 세계 곳곳에 있다는 사실을 알 수 있었다. 같은 날, 같은 춤을 전 세계 사람들과 함께 추고 있다고 생각하니 얼굴도 잘 모르는 사람들에게 동질감을, 그리고 댄스 커뮤니티에 소속감을 느낄 수 있었다. 해외에서 처음 만난 댄서들과도 반갑게 인사를 나누게 되는 데는 이런 이유도 있지 않을까.

● 참고 영상 : (왼)2018년 강남에서 찍은 랠리 영상 / (오) 41개국, 246개 도시에서 찍은 영상을 모은 2017년의 플래시몹

한강공원의
특별한 기억들

날이 좋은 봄가을에는 소풍이 가고 싶어진다. 이런 마음이 드는 건 댄서들도 예외가 아니다. 개인적으로 가는 소풍은 나가서 풍경을 보며 먹고 노는 게 끝이지만 댄서들끼리 가는 소풍은 춤이 추가된다.

주로 날씨나 일정이 소풍 가기 적당한 6월 초에 일정을 잡곤 한다. 소풍 장소를 고를 때는 적당히 매끄러운 바닥이 근처에 있는지, 음악을 살짝 틀어도 괜찮을지를 보고 소풍 준비물에 야외용 댄스화를 챙긴다. 서울에서 괜찮은 소풍 장소로는 세빛둥둥섬이 있는 한강공원이 꼽힌다. 서울의 중심부에 있어 많은 사람이 오기에 편리하고 적당히 매끄럽고 넓은 바닥도 있다. 공연보다는 스케이트보드를 타거나 아이들이 뛰어노는 장소로 활용하는 듯했지만, 아스팔트 바닥보다 훨씬 괜찮다.

댄서들이라고 만나자마자 손잡고 냅다 춤부터 추는 건 아니다. 한강공원으로 소풍을 갔을 때는 제법 밝은 시간이라 잔디밭에 돗

자리를 깔고 앉아 챙겨 온 음식과 음료를 곁들여 이야기꽃을 피웠다. 아무래도 댄서들이라 그런지 절반 이상의 대화가 춤과 관련되어 있기는 했다.

길을 헤매다 늦게 온 사람, 처음부터 느긋하게 온 사람 등 지각자들도 하나둘씩 합류하고, 어느 정도 인원이 모이고 나서는 배달 음식도 한껏 시켜 먹었다. 배를 두드리며 포식자가 된 사자처럼 느긋하게 돗자리에 앉아있다가 해가 떨어질 즈음 활동을 시작했다.

소화를 시키겠다며 "춤추러 가자!", "나랑 춤출 사람?"을 외치며 파트너를 한 명씩 붙잡고 무대가 있는 바닥으로 이동했다. 어느새 하나둘 댄스화를 신고 큰 스피커를 끌고 가며 춤추러 나가고 있었다. 대부분의 인원이 춤추러 갔을 즈음에는 잔디밭에 앉아있던 사람들도 짐을 챙겨 무대 근처로 자리를 옮겼다. 춤추는 사람들이 한눈에 보이니 느지막이 이동한 사람들도 적극적으로 춤을 신청하기 시작했다.

6월 초의 선선한 바람은 신나게 몸을 움직이며 오른 열과 땀도 금방 식혔다. 열심히 춤추다가 잠깐 앉아서 쉴 때면 맥주 한 캔과 함께 춤추는 사람들을 구경했다. 한강 뒤로 반짝이는 빌딩의 불빛들이 보이니, 잔잔하게 들리는 팝송에 춤추는 사람들이 어딘가 로맨틱해 보였다.

평소의 소셜 장소가 한강공원으로 바뀐 것뿐인데 차분한 강바람에 마음이 둥실 떠오르는 듯했다. 멍하니 보고 있어도 왠지 마

음이 편안해지는 순간이었다. 유튜브에서 한 번씩 트는 음악 플레이 리스트의 배경으로도 잘 어울릴 것 같았는데 지금 생각해보니 영상으로 남기지 않은 게 아쉽다.

 한강공원은 소풍으로 좋은 장소기도 하지만 큰 행사에도 적당한 장소라서 "위 댄스 페스티벌"이라는 큰 행사도 이곳에서 진행한 적이 있다. 위 댄스 페스티벌은 웨스트 코스트 스윙뿐만 아니라 다른 모든 장르의 춤 동호회들이 참가한 행사였다. 공연과 소셜, 강습, 그리고 막춤 대회까지 5개의 무대를 만들어 두고 6개 춤의 장르로 나눴지만, 장르로 구분되지 않는 모든 춤이 행사 대상이었다. 덕분에 규모도 어마어마하게 컸고, 행사를 준비하는 사람들 외에 구경 온 사람들도 많아 한강공원은 사람들로 미어터질 지경이었다.

나는 행사에 참여하면서 단체로 공연을 준비했다. 공연하기 전에는 긴장감에 외우던 안무도 까먹을까 걱정하며 긴장감에 맘 편히 놀 수 없었다. 결국 무대에서는 실수도 크게 저질러서 흑역사가 생겼다는 생각에 울적했지만 끝나고 나서는 이미 다 지나갔다는 생각에 안 좋은 감정을 내려놓았다. 언제 또 한강공원에서 이렇게 좋은 바닥에서 춤을 춰보겠나 하는 생각에 소셜 댄스도 한껏 즐겼다.

지금은 다시 행사를 재개하고 있지만 코로나19로 인해 몇 년간 행사가 없던 시기가 있었다. 코로나 초반에는 모두가 어찌할 줄 모르고 모든 활동과 모임을 중지했었다. 한동안 소셜도 할 수 없어서 혼자 집에서 영상만 보며 춤에 목말라했다. 그러다 야외에서는 모일 수 있다는 얘기에 소규모로 사람들을 모아서 한강에 간 적도 있었다. 열 명 내외로 그리 많은 인원은 아니었지만, 밖에서 다 같이 소풍을 즐기고 춤추는데 누구 하나 소외되지 않고 놀 수 있었다.

한 커플씩 풍경 좋은 곳에 나가 춤 영상을 찍고 오기도 하고, 치킨을 먹다가도 음악이 좋으면 춤추러 나가고, 일부러 좋아하는 곡을 틀고 춤추러 가기도 했다. 블루투스 스피커의 음향이 크진 않아서 나중에는 스피커를 무대 한 중앙에 놔야 했는데, 빛나는 스피커가 예쁘다며 지나가던 아이가 스피커를 들고 가는 돌발상황이 벌어지기도 했다. 다행히 아이의 아빠와 함께 아이를 설득

해서 스피커를 되찾았고, 그 후 아이는 근처에서 아빠와 함께 음악을 즐기며 춤을 췄다. 그때는 굉장히 당황했지만 돌아보면 이런 사건도 야외에서 춤출 때의 추억이다.

이렇듯 한강공원은 나에게 좋은 풍경을 보며 사람들과 놀고 즐길 수 있는 공간이자 춤도 출 수 있는 공간이다. 누군가에게는 그저 자전거를 타기 좋은 길, 산책하기 좋은 길, 혹은 날 좋을 때 데이트하기 좋은 곳으로 기억하겠지만 나에게는 주로 춤과 관련된 기억이 있다. 한강공원에서 소소하게 또는 다 같이 모여 춤춘 것부터 영상을 찍고, 공연을 구경하거나 공연하며 실수한 것까지 댄서들과 함께한 기억이 가득하다. 좋은 풍경을 보며 먹고 마시는 것으로 끝나는 게 아니라 음악에 춤까지 더해 특별한 기억들이 생겼다.

- 참고 영상 : 한강공원에 소풍가서 춤추기

- 참고 영상 : (왼)위댄스 페스티벌 공연 JT Swing Team / (오)위댄스 페스티벌 공연 International Rally

작은 행사,
춤추러 가는 1박 2일 MT

코로나 때, 집합 금지로 실내 체육이 금지된 적이 있었다. 그 덕분에 몇 달간 소셜 댄스가 열리지 않았다. 그래도 여럿이 모이는 것 자체가 금지되었을 때는 아니라서 춤추는 사람들끼리 소소하게 MT를 가기로 했다. 한창 춤에 빠져있던 시기에 갑작스럽게 모든 것이 중단되면서 허무함과 함께 스트레스를 술과 음식으로 풀고 있었다. 그런데 MT를 가서 춤을 춘다니 가기 전부터 산책하러 간다는 말을 들은 강아지가 된 기분이었다.

MT 장소는 댄서들에게 유명한 통나무집으로, 이 층집 한 채를 통째로 빌리는 것이었다. 1층에는 큰 테이블들과 의자, 주방이 있었고 2층은 가구는 거의 없고 비어있는 방 두어 개가 있을 뿐이었다. 1층의 테이블을 한쪽으로 몰아넣으면 여러 커플이 다 함께 서서 움직이기에 충분한 넓이였고 마룻바닥에 코팅이 되어있는지 적당히 미끄러져서 턴을 돌기에도 좋았다. 그 덕분인지 다른 춤을 추는 사람들도 선호해서 주말마다 댄서들이 찾아와 춤추곤 한단다.

통나무집에 도착하자마자 바닥과 공간을 보고 어떻게 춤출지 생각하면서 짐을 풀었다. 바닥을 신발로 비벼보며 춤출만한지 확인하기도 했다. 막 도착해서는 아직 음악도 틀지 않아서 바로 춤추진 않았지만 벌써 설레는 기분이 들었다.

모두가 도착해서 간단하게 정리를 마치고는 한쪽에 있는 빔프로젝터로 춤 영상을 틀며 토론의 장을 열었다. 이미 집에서 할 게 없다며 질리도록 본 영상이지만, 다 같이 보니 또 다른 느낌이었다. 다들 춤을 추지 못한 탓인지 평소 영상을 잘 보지 않는 사람도 영상을 보게 되었고, 최근에 올라온 영상도 찾아본 듯싶었다.

사람마다 춤추는 스타일이 다르듯이, 영상을 보는 방법도 모두 달랐다. 영상을 보며 어느 댄서가 자주 쓰는 패턴이나 자세, 눈빛, 손짓까지 분석하는 사람, 프로 댄서의 약력을 읊으며 어느 이벤트에서 봤을 때와 비교하고 기억을 회상하는 사람, 이 댄서는 언제 누구와 춘 영상이 좋다며 다른 영상들을 줄줄이 읊는 사람까지. 영상을 보며 각자의 관점을 공유하고 생각을 나누는 것만으로도 시간 가는 줄 몰랐다. 그러다 한 번씩 나와서 패턴을 연습하면서 춤추니 시간이 쏜살같이 지나갔다.

저녁을 먹고 어두워지면서 본격적인 춤 시간이 되었다. 댄서들이 모인 MT는 그냥 술 마시고 먹고 노는 게 아니었다. 춤이 더해졌지만, 소셜 댄스만 하는 게 아니라 우리끼리 하는 잭앤질도 준비했다. 제비뽑기로 파트너를 뽑고, 음악은 임의로 골랐다. 재미로 하는 행사라 따로 심사하진 않아서 부담 없이 출 수 있었다.

잭앤질을 하게 되면 심사하지 않아도 다른 사람이 춤추는 걸 유심히 보게 된다. 그러다가 화려한 패턴을 성공하거나 음악에 맞춰 잘 표현하면 지켜보는 사람들이 감탄하고 환호한다. 다른 사람들 앞에서 춤을 춘다는 건 언제나 긴장되지만, 평소와는 다르게 사람들의 반응이 느껴지니 내 안에서 알 수 없는 기운이 샘솟았다.

춤을 못 추는 기간 동안 영상을 보면서 해보고 싶은 동작이나 아이디어가 많이 떠올랐다. 시행착오가 있긴 했지만, 생각만 했던 동작을 음악에 맞췄을 때 희열을 느낄 수 있었다. 사람들 앞에서 출 때는 평소에는 하지 않던 새로운 동작을 시도했을 뿐인데 쉬는 동안 뭘 했길래 실력이 늘었냐는 말도 들어 뿌듯했다.

잭앤질이 끝나고는 소셜 시간이 이어졌다. MT라서 귀가 시간을 생각하지 않고 밤새 출 수 있었지만, 한동안 밖에 나가지 않은 탓에 체력이 부족했다. 다들 한동안 살이 쪄서 몸을 움직이기 힘들다는 핑계로 자리에 앉기 시작했다. 지친 사람들은 체력을 보충한다며 안주와 함께 술을 마시기 시작했고, 한번 앉아서 술을 마시고 나니 다시 일어나서 춤추는 건 두 배로 힘들어졌다.

결국 한두 커플만 춤추고 다른 사람들은 구경하며 이야기를 나눴다. 음악은 계속 나오고 있어서 얘기를 나누다가 음악이 마음에 들거나 갑자기 춤추고 싶을 때면 일어나서 춤추기도 했다. 이렇게 춤과 술, 수다는 새벽까지 이어졌다.

　댄서들과 함께 한 MT에서는 춤을 추고 싶을 때면 언제든 춤을 신청할 사람이 있었다. 시간과 장소에 상관없이 춤출 수 있다니. 혼자서는 할 수 없는데 같이 출 사람까지 있으니 완벽했다.

　큰 규모로 진행하는 댄스 이벤트와는 다른 듯했지만, 비슷한 면이 많았다. 워크숍 대신 춤 영상을 보고 분석하고 토론하는 시간이 있었고, 심사위원은 없었지만, 관객이 있는 작은 대회도 있었다. 밤새도록 이어지는 소셜 시간까지 있었으니 이 정도면 우리만의 작은 이벤트라고 할 수 있지 않을까.

춤을 더한 댄서들의 여행

춤추는 친구들과 함께 부산으로 여행을 간 적이 있다. 처음에는 여행을 같이 간 친구들은 모두 여자라서 팔로잉만 할 수 있었다. 그 탓에 아름다운 풍경과 춤출만한 바닥을 두고, 구경만 하고 와야 한다는 게 아쉬웠다. 그다음에 갈 때는 리딩을 할 수 있는 사람들도 있으면 좋겠다 싶었는데, 다음 여행에는 진짜로 리더를 섭외하는 데 성공했다.

그렇다고 춤추는 것만이 목적인 여행은 아니었다. 여느 여행처럼 구경하고 맛있는 걸 먹고 놀지만, 특별한 순간엔 춤을 더하는 것이다. 한창 놀다가도 춤추고 싶은 장소나 순간에는 춤추는 것. 그게 댄서들의 여행이었다.

해운대 바닷가에서 야경을 보며 걷다가 해수욕장 중간에 데크가 깔린 걸 발견했다. 핸드폰에서 좋아하는 음악을 찾아서 틀고 리더와 팔로워가 한 명씩 나와서 춤추고 다른 사람은 주변에서 구경하거나 영상을 찍었다.

　바다에는 불빛이 없어 저녁의 바다는 가라앉을 것만 같은 어두움을 보여준다. 하지만 해운대의 야경은 마린시티의 불빛과 해운대 바로 앞 건물들에서 나오는 불빛으로 밝게 빛나고 있었다. 바다는 그보다 훨씬 어두웠지만 오징어잡이 배가 있어서 어슴푸레하게 보였고 파도 소리와 바닷바람 소리가 음악과 함께 들렸다. 해가 떠 있을 때보다는 어두웠지만 실루엣만 보이는 덕분인지 서 있기만 해도 멋있게 보였다. 팔로워가 한 바퀴 돌 때 살짝 걸친 얇은 카디건이 휘날리는 모습이 드레스가 둥글게 펼쳐지는 모습 같아 보이기도 했다.

해안에는 사람이 많았지만, 춤추는 우리에게 관심을 가지는 사람은 없었다. 바쁜 출퇴근길이 아닌데도 사람들은 다들 각자의 산책길을 즐기기에 여념이 없었다. 우리가 음악을 틀고 춤을 춰도 아무도 관심이 없다는 것을 확인하니 되려 마음이 편해졌다. 덕분에 해운대의 야경을 다양한 커플 조합으로 찍을 수 있었다. 한번 멋지게 촬영한 영상을 보니 다른 장소에서도 잘 찍을 수 있을 것 같았다.

부산까지 내려와서 야외에서 춤 영상을 남길 일은 흔치 않기에 산책 시간을 늘려서 풍경과 바닥을 함께 관찰하기 시작했다. 해운대에서 송정까지 이어지는 산책로를 걷고, 춤 영상을 찍으면서 송정역에 도착했다. 늦은 시간이라 사람들이 거의 지나다니지 않아 편하게 촬영할 수 있었다. 소나기 때문에 챙겨 온 우산을 들고 뮤지컬〈Singing in the rain〉처럼 통통 뛰며 우산을 던지며 시작해 보기도 하고, 운행이 종료된 철길 옆에서 춤추기도 했다.

송정역 앞에서 영상을 찍을 때는 특별한 신청곡〈Dancing with a stranger〉과 세세한 촬영 조건이 있었다. 음악에 맞춰 콘셉트도 잡았다. 리더와 팔로워가 처음부터 손을 잡고 시작하는 게 아니라 멀리 떨어져 있는 상태로 시작해서 스쳐 지나가듯 만나면서 춤추는 것이다. 마치 지나가다 처음 본 사람과 춤추듯 말이다. 카메라의 시작 지점도 지정했다. 불 켜진 송정역 간판에서 시작해서 카메라를 점점 내리면서 사람들을 찍어야 한다는 요청도 받았다. 배우의 요청에 따라 촬영했더니 스토리가 있는 뮤직비디오 한 편이 나왔다.

사람의 기억은 복합적이라고 한다. 어떤 향을 맡으면 특정한 기억이 나기도 하고 어떤 음악을 들으면 음악과 관련된 기억이 나는 것이다. 이제 나에게는 〈Dancing with a stranger〉 음악을 들으면 부산에서 춤추며 영상을 찍은 순간이 기억난다.

그냥 여행이었다면 사진을 찍고 끝났을 텐데, 그 자리에서 잠시 멈춰서 음악을 틀고 춤추는 걸로도 뭔가 다른 여행이 된 것 같았다. 단순한 여행 영상이 아니라 춤과 음악을 곁들여 뮤직비디오를 여러 편 찍고, 춤추면서 그 순간의 풍경과 분위기를 최대한 즐겼다. 여행에 춤만 더했을 뿐인데 경험도 추억도 많아졌다.

● 참고 영상 : 해운대에서 찍은 춤 영상

색인

* 지구를 위해 친환경재생지를 사용합니다.

여행에 춤 한 스푼

초판 1쇄   2024년 3월 15일
지 은 이   김인애
펴 낸 곳   하모니북

출판등록   2018년 5월 2일 제 2018-0000-68호
이 메 일   harmony.book1@gmail.com
전화번호   02-2671-5663
팩   스   02-2671-5662

979-11-6747-159-8 03980
© 김인애, 2024, Printed in Korea

책값은 뒤표지에 있습니다.

이 도서의 국립중앙도서관 출판예정도서목록(CIP)은 서지정보유통지원시스템 홈페이지(http://seoji.nl.go.kr)와 국가자료공동목록시스템(http://www.nl.go.kr/kolisnet)에서 이용하실 수 있습니다.

이 책은 저작권법에 따라 보호받는 저작물이므로 무단 전재와 무단 복제를 금지하며, 이 책 내용의 전부 또는 일부를 이용하려면 반드시 저작권자와 출판사의 서면 동의를 받아야 합니다.